Wissenschaftliche Taschenbücher WTB

Mathematik · Physik

Dieter Kreß

Theoretische Grundlagen der Signal- und Informationsübertragung

Akademie-Verlag · Berlin

WTB Wissenschaftliche Taschenbücher

Reihe BIOLOGIE

HANS BERGNER
Tierernährung

HELMUT FRIEMEL / JOSEF BROCK
Grundlagen der Immunologie

HELLMUTH GÄBLER
Forstschutz

HEINZ GEILER
Ökologie der Land- und Süßwassertiere

PAUL HOFFMANN
Photosynthese

EBERHARD HOFMANN
Eiweiße und Nucleinsäuren als biologische Makromoleküle
Dynamische Biochemie, Teil I

EBERHARD HOFMANN
Enzyme und energiebereitstellende Reaktionen des Stoffwechsels
Dynamische Biochemie, Teil II

EBERHARD HOFMANN
Der Stoffwechsel lebendiger Systeme und seine Regulation
Dynamische Biochemie, Teil III

EBERHARD HOFMANN
Biochemie der Vererbung, Differenzierung und anderer Zellfunktionen
Dynamische Biochemie, Teil IV

FRIEDRICH JACOB
Bewegungsphysiologie der Pflanzen

GERHARD LERCH
Pflanzenökologie

JOACHIM NITSCHMANN
Entwicklung bei Mensch und Tier

HANS-WERNER NOLTE
Pflanzenschutz in der Landwirtschaft

KLAUS ODENING
Parasitismus

ALFRED PALISSA
Bodenzoologie in Wissenschaft, Naturhaushalt und Wirtschaft

MARTIN SCHMIDT
Pflanzenschutz im Gartenbau

ULRICH SEDLAG
Biologische Schädlingsbekämpfung

DIETER SPAAR
HELMUT KLEINHEMPEL
HANS JOACHIM MÜLLER
KLAUS NAUMANN
Bakteriosen der Kulturpflanzen

LUDWIG SPANNHOF
Zellen und Gewebe der Tiere

GÜNTER TEMBROCK
Grundlagen des Tierverhaltens

GÜNTER TEMBROCK
Biokommunikation
Informationsübertragung im biologischen Bereich
Teil I und II

EBERHARD TEUSCHER
Pharmakognosie
Teil I und II

REGINE WITKOWSKI
FALKO H. HERRMANN
Einführung in die klinische Genetik

GERALD WOLF
Neurobiologie

Reihe CHEMIE

HANS-MARTIN BARCHET
Chemie photographischer Prozesse

ULRICH BEHRENS
MANFRED RINGPFEIL
Mikrobielle Polysaccharide

ROLF BORSDORF / MANFRED SCHOLZ
Spektroskopische Methoden in der organischen Chemie

HANS DAWCZYNSKI
Temperaturbeständige Faserstoffe aus organischen Polymeren

HANS DAWCZYNSKI
Temperaturbeständige Faserstoffe aus anorganischen Polymeren

WERNER DÖPKE
Stereochemie organischer Verbindungen

MARTIN FINKE / WALTER LEIPNITZ
Moderne Methoden der Erdölanalyse

ERICH GUNDERMANN
Chemie und Technologie des Braunkohlenteers

WERNER HABERDITZL
Magnetochemie

SIEGFRIED HAUPTMANN
Über den Ablauf organisch-chemischer Reaktionen

HORST KEHLEN / FRANK KUSCHEL
HORST SACKMANN
Grundlagen der chemischen Kinetik

GERHARD KEMPTER
Struktur und Synthese von Vitaminen

PETER KRUMBIEGEL
Isotopieeffekte

KLAUS KÜHNE
Werkstoff Glas

DIETER MERKEL
Riechstoffe

DIETER ONKEN
Steroide

BURKART PHILIPP
GERHARD REINISCH
Grundlagen der makromolekularen Chemie

JOACHIM RIEMER
Quantitative organische Mikroanalyse

ROLF SCHÖLLNER
Die Oxydation organischer Verbindungen mit Sauerstoff

WOLFGANG WAGNER
Chemische Thermodynamik

GÜNTHER WAGNER
HANS KÜHMSTEDT
Pharmazeutische Chemie

Reihe MATHEMATIK / PHYSIK

HANS BANDEMER
ANDREAS BELLMANN
WOLFHART JUNG / KLAUS RICHTER
Optimale Versuchsplanung

FRANK BEICHELT
Prophylaktische Erneuerung von Systemen

DIETRICH BENDER
ERNST-EGON PIPPIG
Einheiten, Maßsysteme, SI

WOLFRAM BRAUER
HANS-WALDEMAR STREITWOLF
Theoretische Grundlagen der Halbleiterphysik

SIEGFRIED BREHMER
Einführung in die Maßtheorie

FERDINAND CAP
Einführung in die Plasmaphysik
I. Theoretische Grundlagen
II. Wellen und Instabilitäten
III. Magnetohydrodynamik

JOHN CUNNINGHAM
Vektoren

GEORG DAUTCOURT
Relativistische Astrophysik

K. CH. DELOKAROV
Relativitätstheorie und Materialismus

WERNER DÜCK
Diskrete Optimierung

ALBERT EINSTEIN
Grundzüge der Relativitätstheorie

ALBERT EINSTEIN
Über die spezielle und die allgemeine Relativitätstheorie

HANNELORE FISCHER
JOACHIM PIEHLER
Modellsysteme der Operationsforschung

ALFRED FRIESER
Mikrowellenmeßtechnik

W. L. GINSBURG
Über Physik und Astrophysik

HERBERT GOERING
Elementare Methoden zur Lösung von Differentialgleichungsproblemen

HERBERT GOERING
Asymptotische Methoden zur Lösung von Differentialgleichungen

MICHAEL GÖSSEL
Angewandte Automatentheorie
Band I und II

MICHAEL GÖSSEL
Wahrscheinlichkeitsautomaten und Zufallsfolgen

E. G. GOLSTEIN
Konvexe Optimierung

HELMUT HESS
Der elektrische Durchschlag in Gasen

WILHELM KÄMMERER
Kybernetik – eine Einführung auf naturwissenschaftlicher Grundlage

V. I. KARPMAN
Nichtlineare Wellen in dispersiven Medien

ULRICH KAUSMANN
KLAUS LOMMATZSCH
FRANTIŠEK NOŽIČKA
Lineare parametrische Optimierung

VOLKER KEMPE
Theorie stochastischer Systeme

VOLKER KEMPE
Analyse stochastischer Systeme
Teil I

A. R. KESSEL
Akustische Kernresonanz

HEINRICH KINDLER
Der Regelkreis

DIETER KLAUA
Elementare Axiome der Mengenlehre
Einführung in die
Allgemeine Mengenlehre I

DIETER KLAUA
Grundbegriffe der axiomatischen Mengenlehre
Teil 1 und 2
Einführung in die
Allgemeine Mengenlehre II

DIETER KLAUA
Kardinal- und Ordinalzahlen
Teil 1 und 2
Einführung in die
Allgemeine Mengenlehre III

Dieter König / Dietrich Stoyan
Methoden der Bedienungstheorie

Konrad Kreher
Festkörperphysik

Jean Kuntzmann
Unendliche Reihen

Jean Kuntzmann
Systeme von Differentialgleichungen

Jean Kuntzmann
Komplexe Veränderliche

Dierck-Ekkehard Liebscher
Relativitätstheorie mit Zirkel und Lineal

Wolfgang Meiling
Kernphysikalische Elektronik

Peter Paufler / Dieter Leuschner
Kristallographische Grundbegriffe der Festkörperphysik

Harry Paul
Lasertheorie
Teil I und II

Harry Paul
Nichtlineare Optik
Teil I und II

Wolfgang Pauli
Vierpoltheorie und ihre Anwendung auf elektronische Schaltungen

Harry Pfeifer
Theorie linearer Bauelemente
Elektronik für den Physiker I

Harry Pfeifer
Die Elektronenröhre
Elektronik für den Physiker II

Harry Pfeifer
Schaltungen mit Elektronenröhren
Elektronik für den Physiker III

Harry Pfeifer
Leitungen und Antennen
Elektronik für den Physiker IV

Harry Pfeifer
Mikrowellenelektronik
Elektronik für den Physiker V

Harry Pfeifer
Halbleiterelektronik
Elektronik für den Physiker VI

Harry Pfeifer / W. Heink
Schaltungen mit Transistoren
Elektronik für den Physiker VII

Ulrich Röseberg
Determinismus und Physik

J. A. Rosanow
Wahrscheinlichkeitstheorie

Wolfgang Schäfer
Theoretische Grundlagen der Stabilität technischer Systeme

Ernst Schmutzer
Symmetrien und Erhaltungssätze der Physik

I. S. Sheludew
Elektrische Kristalle

N. D. Shewandrow
Die Polarisation des Lichtes

L. A. Skornjakow
Elemente der Verbandstheorie

A. A. Smirnow
Metallphysik

A. S. Sonin / B. A. Strukow
Einführung in die Ferroelektrizität

Hans-Jürgen Treder
Elementare Kosmologie

J. F. Vinson
Optische Kohärenz in der klassischen Theorie und in der Quantentheorie

TEXTE UND STUDIEN

D. M. Brink
Kernkräfte

Stephen G. Brush
Kinetische Theorie
Teil I und II

Festkörperphysik
Entwicklungstendenzen und Anwendungsmöglichkeiten

D. ter Haar
Quantentheorie

W. R. Hindmarsh
Atomspektren

J. H. Sanders
Die Lichtgeschwindigkeit

Die Schöpfer der physikalischen Optik
Eine Artikelsammlung

Gustav E. R. Schulze
Beiträge zur Entwicklung der Metallphysik

R. A. R. Tricker
Die Beiträge von Faraday und Maxwell zur Elektrodynamik

R. A. R. Tricker
Frühe Elektrodynamik

Vorschau auf die nächsten Bände:

Joachim Auth / Dietmar Genzow
Klaus H. Herrmann
Photoleitung

Gerhard Geiseler / Heinz Seidel
Die Wasserstoffbrückenbindung

W. S. Letochow
Laserspektroskopie

Hans Luppa
Grundlagen der Histochemie
Teil I und II

Horst Remane
Rainer Herzschuh
Massenspektrometrie in der organischen Chemie

E. M. Sawizki
Perspektiven der Metallforschung

Adolf Zschunke
Kernmagnetische Resonanzspektroskopie in der organischen Chemie

WTB

BAND 199

Dieter Kreß

Theoretische Grundlagen der Signal- und Informationsübertragung

Mit 73 Abbildungen und 1 Tabelle

AKADEMIE-VERLAG · BERLIN

Reihe MATHEMATIK UND PHYSIK

Herausgeber:
Prof. Dr. phil. habil. W. Holzmüller, Leipzig
Prof. Dr. phil. habil. A. Lösche, Leipzig
Prof. Dr. phil. habil. H. Reichardt, Berlin
Prof. Dr. phil. habil. K. Schröder, Berlin
Prof. Dr. phil. habil. K. Schröter, Berlin
Prof. Dr. rer. nat. habil. H.-J. Treder, Potsdam

Verfasser:
Hochschuldozent Dr. sc. techn. Dieter Kreß
Technische Hochschule Ilmenau

1977
Erschienen im Akademie-Verlag, 108 Berlin, Leipziger Straße 3—4

Lizenznummer: 202 · 100/426/77
Herstellung: VEB Druckhaus „Maxim Gorki", 74 Altenburg
Bestellnummer: 762 216 5 (7199) · LSV 3534
Printed in GDR
DDR 8,— M

Vorwort

Information wird in allen Geräten der Nachrichtentechnik, Meßtechnik, Regelungs- und Steuerungstechnik sowie der Rechen- und Datenverarbeitungstechnik übertragen. Technische Anordnungen zur Informationsübertragung sind sowohl die kompletten Systeme zur Überbrückung geografischer Entfernungen als auch elementare Baugruppen wie Filter, Verstärker, Modulatoren usw. Ihr Entwurf erfordert in beträchtlichem Maße theoretisches Rüstzeug, beginnend mit der Kenntnis allgemeiner Zusammenhänge. Mit dem vorliegenden Band werden derartige nachrichtentheoretische Grundlagen in drei Hauptkapiteln „Systemtheorie für determinierte Signale", „Systemtheorie für stochastische Signale" und „Informationstheorie" kurzgefaßt vermittelt. Die ingenieurmäßige Darstellung soll Lesern dienen, die zur Anwendung in Praxis, Lehre und Weiterbildung ihr Wissen reaktivieren oder vervollständigen wollen, insbesondere auch Studenten an Hoch- und Ingenieurhochschulen, die ein Repetitorium für Übung und Prüfungsvorbereitung zum Gebrauch neben der Vorlesung wünschen. Aber auch Lesern ohne Vorkenntnisse des Stoffes, die sich einen Überblick über die behandelte Disziplin verschaffen wollen, kann der Text Anreiz zur Weiterbildung unter Verwendung ausführlicherer Werke (Fey, Fritzsche, Lange, Spătaru, Unbehauen, Woschni, Wunsch u.a.) sein.

Beim Leser vorausgesetzt werden Grundkenntnisse der Integralrechnung, der Funktionentheorie und der Wahrscheinlichkeitsrechnung. Die Darstellungsweise entspricht der Aufgabenstellung. So wird auf die moderne algebraische Begründung der Systemtheorie verzichtet. Als Mittel der durchgehend einheitlichen Beschreibung von determinierten und stochastischen, kontinuierlichen und diskontinuierlichen Vorgängen dient die FOURIER-Transformation. Die Anwendung von LAPLACE- und Z-Transformation wird demonstriert. Das Zeit-Frequenzdenken steht im Vordergrund. Mathematische Beweise und Ableitungen wurden fortgelassen, dagegen wird versucht, durch Hinweise Zusammenhänge deutlich zu machen, Gedächtnisstützen zu bieten und durch Beispiele aufzulockern und Anwendungen zu zeigen. Der vermittelte Stoff soll einerseits helfen, die vielgestaltigen technischen Lösungen der Praxis einordnen und auf prinzipielle Lösungen zurückführen zu können, andererseits soll er aber auch als unmittelbares Handwerkszeug bei Entwurf und technischem Detail brauchbar sein. Auch die Informationstheorie, die weitgehend den Charakter einer übergeordneten Betrachtungsweise trägt, ist geeignet, praktische Lösungen zu stimulieren. Sie wird ebenfalls in klassischer Form geboten. Die systemtheoretischen Betrachtungen beschränken sich auf lineare Systeme. Sowohl die Einbeziehung nichtlinearer Systeme als auch spezieller Synthesemethoden (wie sie z. B. die Netzwerktheorie liefert), der Kodierungstheorie oder der Schaltungstechnik, deren Kenntnis jede technische Realisierung bedarf, hätten den gegebenen Rahmen gesprengt. Die Auswahl des Stoffes trägt der zunehmenden Bedeutung der Impulstechnik und digitaler Methoden Rechnung.

Durch Vertrautwerden mit abstrakten Modellen wird eine „Anschaulichkeit“ von Zusammenhängen bewirkt, die sowohl bei der praktischen Arbeit im Labor als auch bei Entscheidungsfindungen nützlich ist. Dazu sollte ein kleiner Beitrag geleistet werden.

Der Text geht z. T. auf meine Vorlesungen an der Technischen Hochschule Ilmenau zurück. Für fruchtbaren Gedankenaustausch möchte ich Herrn Prof. Dr.-Ing. G. ULRICH, Ilmenau, und Herrn Prof. Dr. sc. techn.

G. Fritzsche, Dresden, herzlich danken. Herrn Doz. Dr. sc. nat. H.-J. Presia, Ilmenau, und vielen Kollegen bin ich für wertvolle Hinweise und Frau I. Wittig für die Reinschrift des Manuskriptes Dank schuldig. Meiner lieben Frau danke ich für tatkräftige direkte und indirekte Mitarbeit. Die Zusammenarbeit mit dem Verlag war sehr angenehm, auch dafür möchte ich danken.

Ilmenau, Februar 1976

D. Kress

Inhaltsverzeichnis

0. Einleitung 9
1. Systemtheorie für determinierte Signale 11
1.1. Signaltheorie 12
1.1.1. Fourier-Transformation 12
1.1.2. Elementare Signale 18
1.1.3. Grundgesetze 23
1.1.4. Zeitdauer und Bandbreite aperiodischer Signale . . 26
1.1.5. Operationen mit Dirac- und Sprungfunktion . . . 28
1.1.6. Periodische und abgetastete Signale 29
1.1.7. Abtasttheorem 33
1.1.8. Diskrete Fourier-Transformation 39
1.1.9. Fourier-Transformation und andere Funktionaltransformationen 43
1.2. Theorie linearer Systeme 50
1.2.1. Voraussetzungen und Grundbegriffe 51
1.2.2. Idealisierte zeitinvariante Systeme 62
1.2.3. Idealisierte frequenzinvariante Systeme 77
1.2.4. Realistische zeitinvariante Systeme mit konzentrierten Schaltelementen 80
1.2.4.1. Eigenschaften der Übertragungsfunktion 81
1.2.4.2. Elementarsysteme 83
1.2.4.3. Minimalphasen- und Allpaßsystem 90
1.2.4.4. Gesamtcharakteristik und Elementarcharakteristik 92
1.2.4.5. Potential-Analogie 93
1.2.4.6. Approximationsproblem 96
1.2.4.7. Stabilitätskriterien 99
1.2.5. Verzweigungsnetzwerk und diskrete Systeme . . . 105
1.2.5.1. Verzweigungsnetzwerk mit idealen Verzögerungsgliedern 107
1.2.5.2. Diskretes System 113
2. Systemtheorie für stochastische Signale 117
2.1. Signaltheorie stochastischer Vorgänge 117
2.1.1. Stochastischer Prozeß 117

2.1.2. Autokorrelations- und zugehörige Spektralfunktionen . . . 120
2.1.3. Kreuzkorrelations- und zugehörige Spektralfunktionen . . . 125
2.1.4. Polaritätskorrelation . . . 128
2.1.5. Abgetastete stochastische Vorgänge . . . 131
2.1.6. Anwendungsbeispiel: Korrelationsempfang gestörter periodischer Signale . . . 133
2.2. Übertragung stochastischer Signale über lineare Systeme . . . 136
2.2.1. Zeitinvariante Systeme . . . 136
2.2.2. Frequenzinvariante Systeme . . . 139
2.3. Anwendungen für zeitinvariante Systeme . . . 141
2.3.1. Ermittlung der Gewichtsfunktion eines zeitinvarianten Systems . . . 141
2.3.2. Optimales Suchfilter . . . 143
2.3.3. Optimalfilter für kontinuierliches stochastisches Nutzsignal (WIENER-Filter) . . . 147
3. Informationstheorie . . . 148
3.1. Information und Informationsquelle . . . 150
3.1.1. Diskrete Quelle . . . 151
3.1.2. Kontinuierliche Quelle . . . 159
3.1.3. Redundanz und redundanzmindernde Kodierung . . . 160
3.2. Informationsübertragung über einen gestörten Kanal . . . 163
3.2.1. Diskreter Kanal . . . 163
3.2.2. Kontinuierlicher Kanal . . . 168
3.2.3. Ausnutzung des Informationsübertragungskanals . . . 169
4. Literaturverzeichnis . . . 177
5. Sachverzeichnis . . . 179

0. Einleitung

Zunächst soll der Gebrauch einiger wesentlicher Begriffe vereinbart werden. *Information* ist die Eigenschaft einer *Nachricht*, beim Empfänger Kenntniszuwachs zu erzeugen. Eine Nachricht als Mitteilung vereinbarter Symbole mit gewisser Bedeutung muß nicht notwendig Information enthalten. (Die Information ist Null, wenn der Empfänger den Inhalt der Nachricht bereits vollständig kennt und seiner Kenntnis absolut sicher ist, was allerdings praktisch nicht möglich ist.) Die Nachricht und (gegebenenfalls) die Information sind an Parameter physikalischer Größen geknüpft, d. h., sie werden durch diese ausgedrückt. Die an Raum und Zeit gebundenen physikalischen Parameter können z. B. Amplitude, Phase, Frequenz elektrischer, optischer und anderer Vorgänge und daraus abgeleitete Kombinationen oder Strukturen sein. (Da räumliche Parameter durch Vereinbarung einer gewissen „Lesevorschrift" auf zeitliche zurückgeführt werden können, ist die Betrachtung zeitlich veränderlicher Parameter zunächst ausreichend.) Zeitlich veränderliche physikalische Größen, deren Parameter Nachrichten darstellen können (z. B. elektrische Spannung, Lichtintensität) sollen *Signale* genannt werden. Als Träger der interessierenden Nachricht heißen sie *Nutzsignale*, als unerwünschte Größen, die die richtige Erkennung des Informationsparameters beeinträchtigen, *Störsignale*. Information kann prinzipiell nur mit Signalen übertragen werden, die nicht vorhersagbar sind. Der Empfang determinierter Signale, deren vollständiger Verlauf z. B. durch eine mathematische Funktion beschrieben wird, trägt nicht zum Kenntniszuwachs bei, solche Signale enthalten also keine Information. Dennoch interessiert das Studium determinierter Signale. Als Testsignale dienen sie zur theoretischen Beschreibung und praktischen Ermittlung (Meßtechnik) des Übertragungsverhaltens technischer Einrichtungen, als Elementarsignale bilden sie die Ausgangsformen bei der Beeinflussung der ausgewählten Parameter durch die zu übertragende Information (Trägersignale). Meßtechnik und Nachrichtentechnik unterscheiden sich in dieser Sicht nur wenig. Im ersten Fall wird das „Trägersignal" (Testsignal) durch das Meßobjekt, im zweiten durch die zu übertragende Nachricht mit Information „beladen". Genauer betrachtet sind in der Realität determinierte Signale weder reproduzierbar zu erzeugen, noch störungsfrei zu übertragen, noch von der Empfangseinrichtung exakt zu erkennen. Daher ist sowohl unter Berücksichtigung des Charakters der Information als auch vom Standpunkt der Störungen eine statistische Beschreibung der Realität besser angepaßt. (Eine vorhersagbare Störung in Form eines determinierten Signals ist theoretisch vollkommen zu eliminieren.) Aus vorstehendem wird auch deutlich: Für die Informationsübertragung wichtig ist nicht die ungestörte Übertragung der kompletten Signale, sondern nur die (möglichst) ungestörte Erkennbarkeit der informationstragenden Parameter der Signale. Ein wichtiger Untersuchungsgegenstand ist daher die Einwirkung technischer Einrichtungen und Übertragungsmedien auf die Übertragung von Signalen. Die mehr oder minder umfangreichen Übertragungsanordnungen (angefangen von der Baugruppe bis zur kompletten Übertragungseinrichtung) werden kurz als *System* bezeichnet. Da sie in der Regel aus einer Vielzahl von Einzelelementen zusammengesetzt sind, benötigt man ein Verfahren, um ihr Übertragungsverhalten anhand weniger charakteristischer Größen zu beschreiben. Diese Aufgabe löst die *Systemtheorie* im hier verstandenen (engeren) Sinne.

Während also die Systemtheorie die Übertragung von Signalen bzw. Nachrichten untersucht, befaßt sich die

Informationstheorie unter weitgehender Abstraktion mit den Fragen der Information und deren Übertragung selbst. (Die konkrete Signalform spielt dort z. B. kaum noch eine Rolle.)

Jeglicher mathematischer Beschreibung realer Vorgänge liegt eine Modellierung und damit eine Idealisierung zugrunde (vgl. z. B. [1, S. 17]). Prinzipiell erhalten mathematische Voraussetzungen und Beziehungen erst so ihren Sinn. Auch Systemtheorie und Informationstheorie benutzen mehr oder weniger einschneidende Idealisierungen im Interesse der Vereinfachung der Zusammenhänge und damit der Übersichtlichkeit.

1. Systemtheorie für determinierte Signale

Die Systemtheorie untersucht das Zusammenspiel von Signal und System. Im einfachsten Fall wird ein determiniertes Eingangssignal vorausgesetzt, das ein System beaufschlagt und ein Ausgangssignal verursacht (s. Abb. 1.1).

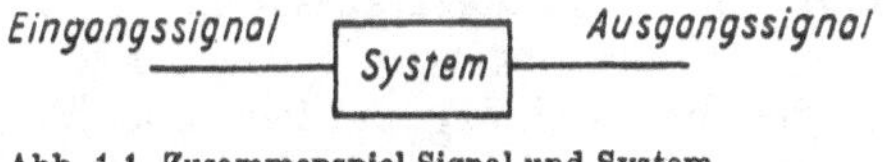

Abb. 1.1. Zusammenspiel Signal und System

Die einfachsten drei technischen Fragen sind die nach
- Ausgangssignal
- System
- Eingangssignal

bei jeweils vorgegebenen restlichen beiden Größen. Im ersten Fall liegt ein Analyseproblem vor, im zweiten und dritten ein Analyseproblem, wenn Meßwerte zugrunde liegen, oder ein Syntheseproblem, wenn Zielgrößen vorgegeben sind. Komplizierter ist die praktisch wichtige Frage nach Eingangssignal *und* System bei Vorgabe von Ausgangssignalparametern und weiteren Randbedingungen, z. B. Störungen, Sendeenergie u. ä. Voraussetzung für die Systembeschreibung und die Beantwortung der angedeuteten Fragen ist eine zugeschnittene Signalbeschreibung, d. h. eine Signaltheorie.

1.1. Signaltheorie

Determinierte Signale werden bei der gewählten theoretischen Behandlung durch Funktionen im mathematischen Sinne dargestellt. Es ist nützlich, sie wahlweise als zeitabhängige oder als frequenzabhängige Größen zu beschreiben. Beide Beschreibungsarten (Zeitfunktion und Frequenzfunktion) sind gleichwertig, jedoch bei unterschiedlichen Anwendungen verschieden zweckmäßig. Vorzugsweise soll die *Fourier-Transformation* zur Umwandlung von Zeit- in Frequenzfunktionen und umgekehrt verwendet werden. Die Gesetze der FOURIER-Transformation sind zugleich auch nachrichtentheoretische Grundgesetze. Mit diesen Grundgesetzen und geeigneten Standardsignalen für die Systembeschreibung ist das Wesen der Systemtheorie erfaßt. Die Systemtheorie ist in diesem Sinne nur eine Anwendung der Signaltheorie. In der vorrangigen Verwendung der FOURIER-Transformation und der Schreibweise der Beziehungen, die eine betonte Gegenüberstellung der Beschreibung in Zeit- und Frequenzbereich gestattet, folgt die Darstellung einer Arbeit von MARKO [2].

1.1.1. Fourier-Transformation

Fourier-Reihe. Eine reelle periodische Zeitfunktion $u_p(t)$ mit der Periode t_p bzw. der Grundfrequenz $f_0 = 1/t_p$ sei gekennzeichnet durch eine erzeugende aperiodische Funktion $u(t)$, wie in Abb. 1.2 skizziert:

$$u_p(t) = \sum_{m=-\infty}^{+\infty} u(t - mt_p). \tag{1.1}$$

Sie kann durch eine i. a. unendliche Reihe ausgedrückt

werden, die FOURIER-Reihe

$$u_p(t) = \sum_{\mu=0}^{\infty} A_\mu \cos(2\pi\mu f_0 t + \varphi_\mu). \tag{1.2}$$

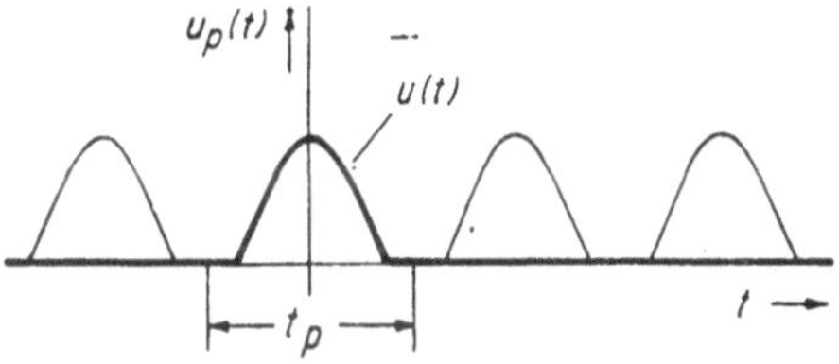

Abb. 1.2. Periodische Zeitfunktion $u_p(t)$

Hinreichende Bedingung für die Existenz von $u_p(t)$: absolute Integrierbarkeit, d. h. $\int_{-\frac{1}{2}t_p}^{+\frac{1}{2}t_p} |u_p(t)|\, dt < \infty$, Anzahl der Unstetigkeiten und der Extremwerte in einer Periode endlich.

Eleganter ist die komplexe Schreibweise

$$u_p(t) = \sum_{\mu=-\infty}^{+\infty} C_\mu \, e^{j2\pi\mu f_0 t} \tag{1.3}$$

mit den i. a. komplexen FOURIER-Koeffizienten

$$C_\mu = \frac{1}{t_p} \int_{-\frac{1}{2}t_p}^{+\frac{1}{2}t_p} u_p(t)\, e^{-j2\pi\mu f_0 t}\, dt. \tag{1.4}$$

Positive und negative Frequenz. Als Elementarfunktion der Summenzerlegung in Gl. 1.3 läßt sich der komplexe Drehzeiger der Form $e^{j2\pi f_0 t}$ ansehen, der mit der Drehzahl f_0 in der komplexen GAUSSschen Zahlenebene um den Nullpunkt rotiert (s. Abb. 1.3). Die Summe zweier derartiger Zeiger, deren Drehzahlen den gleichen Betrag, jedoch entgegengesetztes Vorzeichen haben, bildet die reelle

Kosinusfunktion

$$2 \cos (2\pi f_0 t) = e^{j2\pi f_0 t} + e^{j2\pi(-f_0)t}, \quad (1.5)$$

der man somit formal eine positive und eine negative Frequenz zuordnen kann.

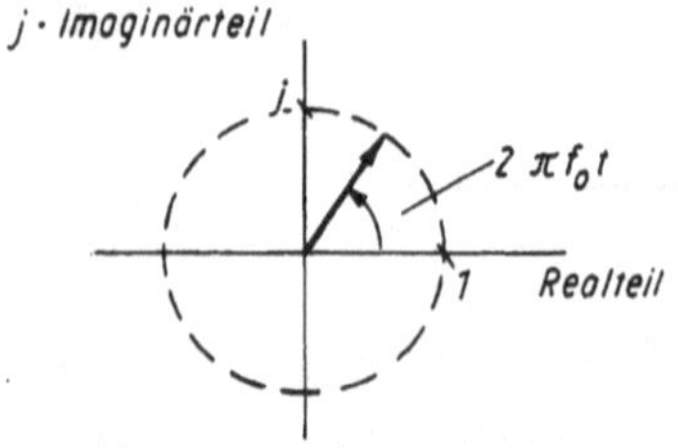

Abb. 1.3. Elementarfunktion periodischer Drehzeiger

Fourier-Integral. Nach Umformung von Gl. 1.3 mit $\Delta f = f_0$ in

$$u_p(t) = \sum_{\mu=-\infty}^{+\infty} \frac{C_\mu}{\Delta f} e^{j2\pi t \mu \Delta f} \Delta f \quad (1.6)$$

wird mit der Vorstellung einer beliebig groß werdenden Periode $t_p = 1/\Delta f$ von $u_p(t)$ unter Beibehaltung der erzeugenden aperiodischen Funktion $u(t)$, d. h. mit $u_p(t) \to u(t)$ für $\Delta f \to \mathrm{d}f$, der Zusammenhang mit dem Fourier-Integral deutlich. Es entsteht

$$u(t) = \int_{-\infty}^{+\infty} U(f) e^{j2\pi t f} \mathrm{d}f, \quad (1.7)$$

wenn man noch $C_\mu/\Delta f \to U(f)$ und $\mu\Delta f \to f$ berücksichtigt.

Die aus Gl. 1.4 entstehende Beziehung und Gl. 1.7 bilden zusammen ein Gleichungspaar, das die Fourier-Transformation beschreibt:

$$\left\| \begin{aligned} U(f) &= \int_{-\infty}^{+\infty} u(t) e^{-j2\pi f t} \mathrm{d}t, \\ u(t) &= \int_{-\infty}^{+\infty} U(f) e^{j2\pi t f} \mathrm{d}f. \end{aligned} \right. \quad (1.8)$$

$U(f)$ heißt spektrale Amplitudendichte von $u(t)$ oder kurz Spektralfunktion, auch einfach Frequenzfunktion, sie ist die FOURIER-Transformierte der Zeitfunktion $u(t)$. Ebenso ist $u(t)$ die FOURIER-Transformierte von $U(f)$. Diese Symmetrie wird auch durch den gleichen Aufbau der beiden Beziehungen (1.8) deutlich (sie unterscheiden sich nur im Vorzeichen des Exponenten, d. i. unwesentlich).

Hinreichende Bedingung für die Konvergenz der Integrale ist die *quadratische Integrabilität* der i. a. komplexwertigen Funktion $u(t)$, d. h., es muß gelten $\int_{-\infty}^{+\infty} |u(t)|^2 \times dt < +\infty$. Wenn diese Bedingung erfüllt ist, ist auch $U(f)$ quadratisch integrabel (vgl. z. B. [3]). Technisch interpretiert bedeutet das endliche Energie der Signale $u(t)$.

Beispiel. Die in Abb. 1.4 skizzierte rechteckförmige Zeitfunktion $u(t) = \begin{cases} U_0 & \text{für } |t| \leqq T/2 \\ 0 & \text{sonst} \end{cases}$ hat die FOURIER-Transformierte $U(f) = U_0 T \operatorname{si}(\pi T f)$.

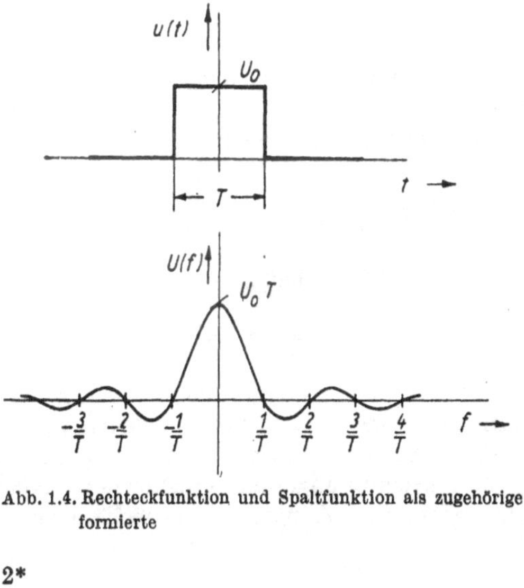

Abb. 1.4. Rechteckfunktion und Spaltfunktion als zugehörige FOURIER-Transformierte

(Die Spaltfunktion si x ist definiert zu si $x = \frac{\sin x}{x}$.)
Die Dimension der Amplitudendichte $U(f)$ ist Spannung $\times$ Zeit, falls $u(t)$ eine Spannung darstellt; $U(f)$ wird also z. B. in V · s bzw. V/Hz angegeben.

Eigenschaften. Zur Vereinfachung der Notierung werden künftig die über die FOURIER-Transformation zusammenhängenden Funktionen durch das Symbol ○—● gekennzeichnet, für Zeitfunktionen werden in der Regel kleine, für Frequenzfunktionen große Buchstaben gewählt. In der Kurzdarstellung lauten die Beziehungen (1.8) somit $u(t)$ ○—● $U(f)$.

1. Die FOURIER-Transformation ist eine *lineare* Operation, es gilt *Additivität*

$$[u_1(t) + u_2(t)] \circ\!\!-\!\!\bullet [U_1(f) + U_2(f)], \quad \text{wenn} \quad u_1(t) \circ\!\!-\!\!\bullet U_1(f) \text{ und } u_2(t) \circ\!\!-\!\!\bullet U_2(f) \tag{1.9}$$

und *Homogenität*

$$cu(t) \circ\!\!-\!\!\bullet cU(f), \quad \text{wenn } c \text{ eine beliebige Konstante bedeutet.} \tag{1.10}$$

Beispiel. Zur Transformation der in Abb. 1.5 links skizzierten Zeitfunktion (Doppelimpuls) kann man diese in die Summe zweier Rechteckfunktionen zerlegen, deren FOURIER-Transformierte nach dem ersten Beispiel bekannt sind.

$$\begin{aligned} u_1(t) &\circ\!\!-\!\!\bullet \quad U_0(2t_0 + T_1) \cdot \text{si}\,[\pi(2t_0 + T_1)\, f] \\ + u_2(t) &\circ\!\!-\!\!\bullet - U_0(2t_0 - T_1) \cdot \text{si}\,[\pi(2t_0 - T_1)\, f] \\ = u(t) &\circ\!\!-\!\!\bullet = U_0 T_1 \,\text{si}\,(\pi T_1 f) \cdot 2 \cos(2\pi t_0 f). \end{aligned}$$

2. Gerade Zeitfunktionen $(u(t) = u(-t))$ werden in gerade Frequenzfunktionen transformiert (und umgekehrt), dabei bleiben reelle reell und imaginäre imaginär, ungerade $(u(t) = -u(-t))$ werden in ungerade transformiert, dabei gehen reelle in imaginäre und imaginäre in reelle über.

	reell	imaginär
gerade	○—●	○—●
ungerade	○— ●—	—● —○

Da alle Funktionen als Summe einer geraden und einer ungeraden Funktion ausgedrückt werden können, gilt nach obigem und infolge der Linearität der Transformation der für die Anwendung wichtige Satz:

‖ Reelle Zeitfunktionen haben FOURIER-Transformierte mit geradem Real- und ungeradem Imaginärteil.

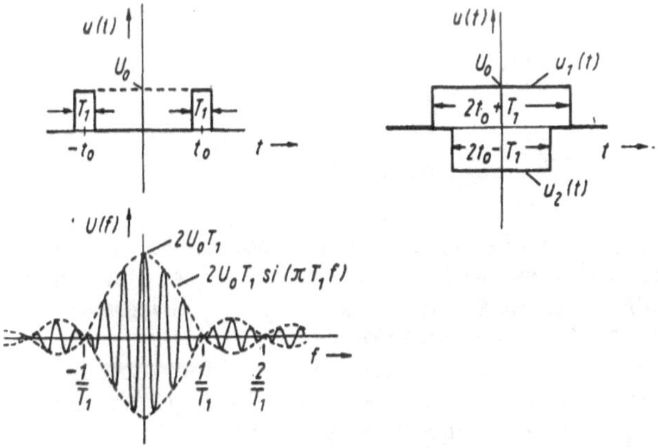

Abb. 1.5 Ermittlung einer FOURIER-Transformierten durch additive Zerlegung

Die zeitliche Umkehrung einer reellen Zeitfunktion (Funktion mit negativem Argument) bewirkt im Frequenzbereich den Übergang zur konjugiert komplexen Funktion

$$u(-t) \circ\!\!-\!\!\bullet\; U^*(f)\,,\; u(t) \quad \text{reell}. \tag{1.11}$$

Mit hochgestelltem Stern * wird die konjugiert komplexe Größe bezeichnet.

3. Die Funktionswerte an der Stelle Null des jeweiligen Argumentes sind gleich den Integralen von $-\infty$ bis $+\infty$ der zugehörigen Transformierten

$$\begin{aligned} u(0) &= \int_{-\infty}^{+\infty} U(f)\,\mathrm{d}f, \\ U(0) &= \int_{-\infty}^{+\infty} u(t)\,\mathrm{d}t. \end{aligned} \tag{1.12}$$

Diese Eigenschaft bietet gute Kontrollmöglichkeiten, wenn die Integrale leicht zu ermitteln sind (orientierte Fläche der Funktion im mathematischen Sinn, d. h., Flächen unter negativen Funktionswerten zählen negativ). Vgl. Beispiel Abb. 1.4: $U(0) = U_0 T$, Beispiel Abb. 1.5: $U(0) = 2U_0 T_1$.

1.1.2. Elementare Signale

Idealisierungen technisch interessanter Signale dienen zur Abschätzung der Eigenschaften realer Formen, als Aufbauelement bei der Darstellung komplizierterer sowie der Beschreibung von Systemen.

Rechtecksignal. Außer der Rechteckfunktion im Zeitbereich (s. Abb. 1.4) ist auch die Rechteckfunktion im Frequenzbereich wichtig (s. Abb. 1.6).

$$CB\,\mathrm{si}\,(\pi B t) \multimap \begin{cases} C & \text{für } |f| \leqq \dfrac{B}{2}, \\ 0 & \text{sonst} \end{cases} \tag{1.13}$$

Gauß-Signal. Symmetrische glockenförmige Signale können oft durch diese Funktion näherungsweise dargestellt werden (s. Abb. 1.7).

$$\mathrm{e}^{-\pi t^2} \multimap \mathrm{e}^{-\pi f^2}. \tag{1.14}$$

Für Zeit- und Frequenzfunktion gilt der gleiche funktionelle Zusammenhang, was in der angegebenen Normalform besonders deutlich wird.

$$u(t) = U(t) \circ\!\!-\!\!\bullet\, U(f) = u(f). \tag{1.15}$$

Solche Funktionen heißen *selbstreziprok*.

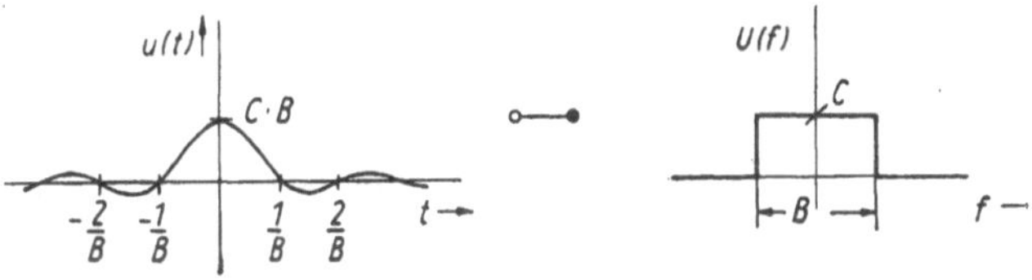

Abb. 1.6. Rechteckfunktion im Frequenzbereich und zugehörige FOURIER-Transformierte

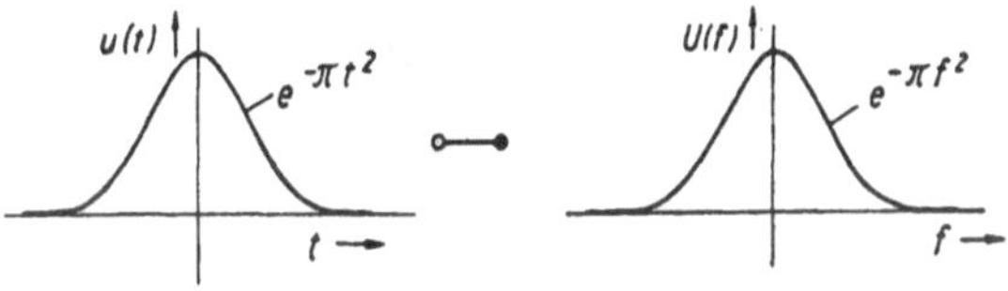

Abb. 1.7. GAUSS-Signal (Zeit- und Spektralfunktion)

Aperiodisches Kosinusquadrat-Signal. Glockenförmiger Vorgang, dessen Transformierte im Gegensatz zum GAUSS-Signal Nulldurchgänge hat (s. Abb. 1.8).

$$\begin{cases} \cos^2\left(\pi \dfrac{t}{2T}\right) & \text{für} \quad |t| \leqq T \\ 0 & \text{sonst} \end{cases} \circ\!\!-\!\!\bullet\, T \frac{\operatorname{si}(\pi\, 2Tf)}{1-(2Tf)^2},$$

$$B \frac{\operatorname{si}(\pi\, 2Bt)}{1-(2Bt)^2} \circ\!\!-\!\!\bullet \begin{cases} \cos^2\left(\pi \dfrac{f}{2B}\right) & \text{für} \quad |f| \leqq B, \\ 0 & \text{sonst.} \end{cases} \tag{1.16}$$

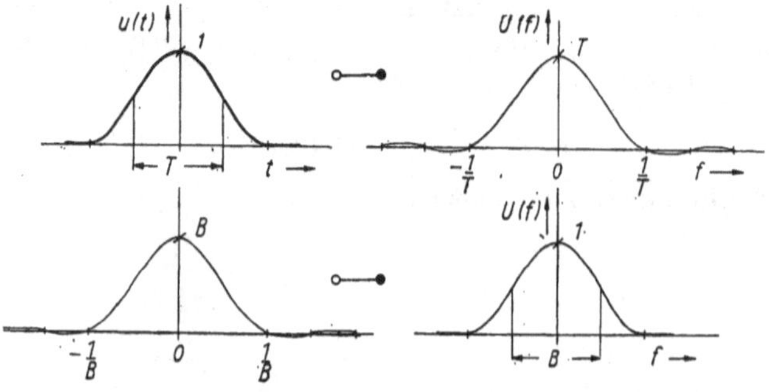

Abb. 1.8. Kosinusquadrat-Signal und Transformierte im Zeit- und Frequenzbereich

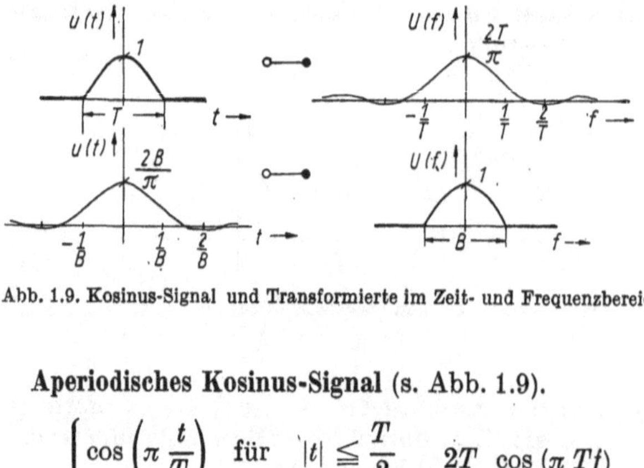

Abb. 1.9. Kosinus-Signal und Transformierte im Zeit- und Frequenzbereich

Aperiodisches Kosinus-Signal (s. Abb. 1.9).

$$\begin{cases} \cos\left(\pi \dfrac{t}{T}\right) & \text{für} \quad |t| \leqq \dfrac{T}{2} \\ 0 & \text{sonst} \end{cases} \circ\!\!-\!\!\bullet \ \frac{2T}{\pi} \, \frac{\cos(\pi T f)}{1 - (2Tf)^2},$$

$$\frac{2B}{\pi} \cdot \frac{\cos(\pi B t)}{1 - (2Bt)^2} \circ\!\!-\!\!\bullet \begin{cases} \cos\left(\pi \dfrac{f}{B}\right) & \text{für} \quad |f| \leqq \dfrac{B}{2}, \\ 0 & \text{sonst.} \end{cases} \tag{1.17}$$

Einheitsstoß. Durch Betrachtung einer Folge von Rechteckfunktionen der Form von Abb. 1.4 mit konstantem Impulsmoment $u_0 T = c$ und abnehmender Breite T wird man im Grenzfall $T \to 0$ auf die sogenannte DIRAC-Funktion $u(t) = c\delta(t)$ geführt, wobei $\delta(t)$ als Einheitsstoß bezeichnet wird. Die zugehörigen Transformierten streben gegen $U(f) = c$. Das Signal $\delta(t)$ stellt keine Funktion im analytischen Sinne dar, mathematisch wird es mit Hilfe der Distributionentheorie erklärt. Für $c\delta(t)$ soll gelten

$$\begin{aligned} \int_{-\varepsilon}^{+\varepsilon} c\delta(t)\,\mathrm{d}t &= c \qquad \text{für beliebige } \varepsilon > 0, \\ c\delta(t) &\equiv 0 \qquad \text{für} \quad |t| > 0. \end{aligned} \tag{1.18}$$

Gemäß Beziehung (1.18) muß $\delta(t)$ die Dimension $(\text{Zeit})^{-1}$ zugeordnet werden, entsprechend dem Signal $\delta(f)$ die Dimension Zeit. Die Konstante c wird als Stoßintegral bezeichnet (Dimension Amplitude · Zeit). Zur zeichnerischen Darstellung dient ein Pfeil, dessen Länge das Stoßintegral symbolisieren soll (s. Abb. 1.10).

Obwohl das Signal streng nicht transformierbar ist, wird definiert (s. a. Abb. 1.10)

$$\begin{aligned} c\delta(t) &\circ\!\!-\!\!\bullet\; c, \\ U_0 &\circ\!\!-\!\!\bullet\; U_0\delta(f). \end{aligned} \tag{1.19}$$

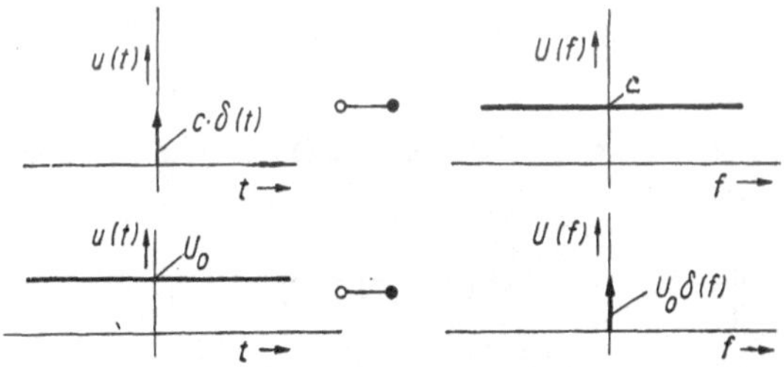

Abb. 1.10. DIRAC-Funktion im Zeit- und Frequenzbereich und Transformierte

Signumfunktion. Als Grenzfall einer Folge von Funktionen

$$u(t) = \begin{cases} e^{-\sigma t} & \text{für} \quad t > 0 \\ 0 & \text{für} \quad t = 0 \\ -e^{+\sigma t} & \text{für} \quad t < 0 \end{cases} \tag{1.10}$$

entsteht für $\sigma \to \infty$ die Signumfunktion $u(t) = \operatorname{sgn} t$.

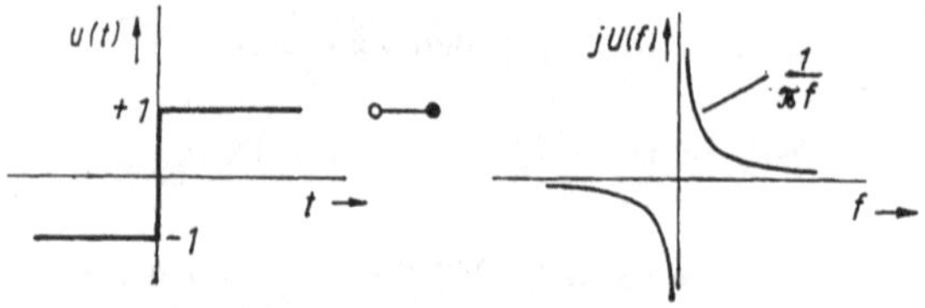

Abb. 1.11. Signumfunktion und Transformierte

Ihre Transformierte wird definiert zu (s. a. Abb. 1.11)

$$\begin{aligned} \operatorname{sgn} t &\circ\!\!-\!\!\bullet \frac{1}{j\pi f}, \\ \frac{-1}{j\pi f} &\circ\!\!-\!\!\bullet \operatorname{sgn} f. \end{aligned} \tag{1.21}$$

Einheitssprung. Aus der Signumfunktion entsteht durch Addition einer Konstanten der Einheitssprung $u(t) = s(t)$ gemäß

$$s(t) = \frac{1}{2} \operatorname{sgn} t + \frac{1}{2}. \tag{1.22}$$

Mit den Bezeihungen (1.19) und (1.21) ergeben sich die Transformierten

$$\begin{aligned} s(t) &\circ\!\!-\!\!\bullet \frac{1}{j2\pi f} + \frac{1}{2}\,\delta(f), \\ \frac{-1}{j2\pi t} + \frac{1}{2}\,\delta(t) &\circ\!\!-\!\!\bullet s(f). \end{aligned} \tag{1.23}$$

1.1.3. *Grundgesetze*

Bei allen folgenden Beziehungen wird stets die Existenz von $u(t) \circ\!\!-\!\!\bullet\, U(f)$ vorausgesetzt. Die beiden Funktionen werden in diesem Zusammenhang als Originalfunktionen bezeichnet. Die mitgeteilten Sätze vermitteln die Zusammenhänge gewisser linearer Operationen im Zeit- und Frequenzbereich, denen die Originalsignale unterworfen werden. Sie sind z. B. nützlich beim Ermitteln von Transformierten komplizierterer Signale aus denen bereits bekannter einfacherer. Wichtig ist außerdem: Die später behandelten linearen Systeme bewirken prinzipiell die gleichen Operationen (mit einer Ausnahme).

1. Verschiebungssatz. Die Verschiebung einer Originalfunktion entspricht bei der Transformierten der Multiplikation mit einem Drehzeigervorgang

$$\left\| \begin{aligned} &u(t - t_0) \circ\!\!-\!\!\bullet\, U(f) \cdot e^{-j2\pi t_0 f}, \\ &u(t) \cdot e^{j2\pi f_0 t} \circ\!\!-\!\!\bullet\, U(f - f_0). \end{aligned} \right. \tag{1.24}$$

Anmerkung: Die symmetrische „Aufspaltung" eines Originalvorganges bewirkt bei der Transformierten Multiplikation mit einer reellen Kosinusfunktion.

$$\begin{aligned} &\frac{1}{2}\,[u(t - t_0) + u(t + t_0)] \circ\!\!-\!\!\bullet\, U(f) \cos(2\pi t_0 f), \\ &u(t) \cdot \cos(2\pi f_0 t) \circ\!\!-\!\!\bullet\, \frac{1}{2}\,[U(f - f_0) + U(f + f_0)]. \end{aligned} \tag{1.25}$$

Mit dem Verschiebungssatz ist die in Beispiel Abb. 1.5 gestellte Aufgabe somit sehr einfach zu lösen. Das Ergebnis läßt sich sofort niederschreiben.

2. Ähnlichkeitssatz. Die Stauchung (Streckung) einer Originalfunktion durch Multiplikation des Argumentes mit einem reellen positiven Faktor entspricht bei der Transformierten einer Streckung (Stauchung) und einer

Multiplikation der Funktion mit einer Konstanten

$$\left.\begin{aligned} u(at) &\circ\!\!-\!\!\bullet \frac{1}{a}\, U\left(\frac{f}{a}\right), \\ \frac{1}{a}\, u\left(\frac{t}{a}\right) &\circ\!\!-\!\!\bullet U(af), \end{aligned}\right\} \quad a > 0, \quad \text{reell}. \tag{1.26}$$

Der Ähnlichkeitssatz vermittelt eine wichtige Erkenntnis der Signaltheorie: Zeitliche Kompression hat spektrale Expansion zur Folge, je schmaler ein Impuls ist, desto größer ist seine Frequenzbandbreite. Dieses Verhalten wird als „Reziprozität von Zeit und Frequenz“ bezeichnet.

3. Differentiationssatz. Differentiation einer Originalfunktion entspricht Multiplikation mit $(j2\pi f)$ bzw. $(-j2\pi t)$ bei der Transformierten.

$$\left.\begin{aligned} \frac{\mathrm{d}u(t)}{\mathrm{d}t} &\circ\!\!-\!\!\bullet (j2\pi f)\, U(f), \\ (-j2\pi t)\, u(t) &\circ\!\!-\!\!\bullet \frac{\mathrm{d}U(f)}{\mathrm{d}f}. \end{aligned}\right. \tag{1.27}$$

Voraussetzung: $\frac{\mathrm{d}u(t)}{\mathrm{d}t}$ bzw. $\frac{\mathrm{d}U(f)}{\mathrm{d}f}$ fouriertransformierbar. Durch Einführung der DIRAC-Funktion werden auch unstetige Funktionen mit „Sprung“-Anteilen differenzierbar im weiteren Sinne. Der Einheitsstoß wird als Differenzierte des Einheitssprunges erklärt:

$$\delta(t) = \frac{\mathrm{d}s(t)}{\mathrm{d}t}. \tag{1.28}$$

4. Integrationssatz. Als Integrierte einer Zeitfunktion soll der Ausdruck $\int_{\infty}^{t} u(\tau)\,\mathrm{d}\tau$ verstanden werden. Integration einer Originalfunktion entspricht bei der Transformierten Multiplikation mit der Transformierten des

Einheitssprunges:

$$\int_{-\infty}^{t} u(\tau)\,\mathrm{d}\tau \circ\!\!-\!\!\bullet\; U(f)\left[\frac{1}{j2\pi f} + \frac{1}{2}\,\delta(f)\right],$$
$$u(t)\left[\frac{-1}{j2\pi t} + \frac{1}{2}\,\delta(t)\right] \circ\!\!-\!\!\bullet \int_{-\infty}^{f} U(\varphi)\,\mathrm{d}\varphi. \tag{1.29}$$

Voraussetzung: Integrierte fouriertransformierbar.

5. Faltungssatz. Als Faltung zweier Funktionen $u_1(t)$ und $u_2(t)$ wird die Operation

$$u(t) = \int_{-\infty}^{+\infty} u_1(\tau) \cdot u_2(t-\tau)\,\mathrm{d}\tau \tag{1.30}$$

erklärt, sinngemäß auch für Frequenzfunktionen. In Kurzdarstellung wird dafür notiert: $u(t) = u_1(t) * u_2(t)$. Jeder Funktionswert von $u(t)$ entsteht durch die Operationen (vgl. Abb. 1.12): zeitliche Umkehrung von $u_2(\tau)$, Ver-

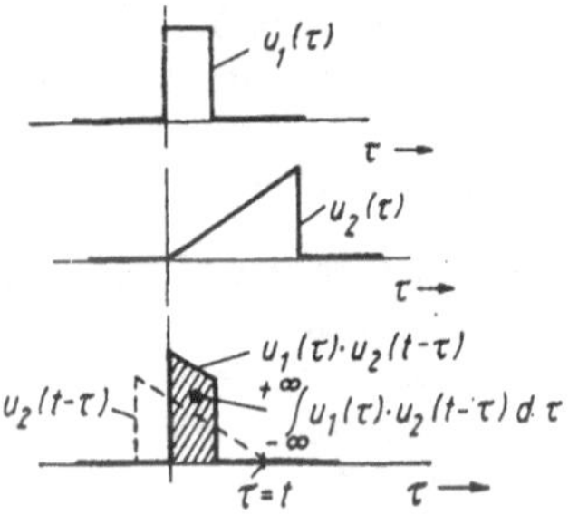

Abb. 1.12. Faltung zweier Funktionen $u_1(t)$, $u_2(t)$

schiebung von $u_2(-\tau)$ um t (d. h. nach rechts für $t > 0$), Multiplikation mit $u_1(\tau)$ und Integration der Produktfunktion von $-\infty$ bis $+\infty$.

Die Faltung zweier Funktionen entspricht der Multiplikation der zugehörigen Transformierten:

$$u_1(t) * u_2(t) \circ\!\!-\!\!\bullet\; U_1(f) \cdot U_2(f),$$
$$u_1(t) \cdot u_2(t) \circ\!\!-\!\!\bullet\; U_1(f) * U_2(f). \tag{1.31}$$

Der Faltungssatz ist der wichtigste Satz für die Anwendung der FOURIER-Transformation in der Systemtheorie.

Wie die Multiplikation ist auch die Faltung kommutativ, d. h. $u_1(t) * u_2(t) = u_2(t) * u_1(t)$.

6. Vertauschungssatz. Wenn ein bestimmter funktioneller Zusammenhang $u(t)$ als Frequenzfunktion $u(f)$ oder eine Frequenzfunktion $U(f)$ als Zeitfunktion $U(t)$ geschrieben wird, gilt (infolge der Symmetrie-Eigenschaften der FOURIER-Transformation)

$$\| \; U^*(t) \circ\!\!-\!\!\bullet \; u^*(f) . \tag{1.32}$$

In diesem speziellen Fall gilt, ebenso wie bei festen Zuordnungen der Art $\delta(t)$, $\delta(f)$, $s(t)$, $s(f)$, die Vereinbarung über die Groß- und Kleinschreibung der Zeit- und Frequenzfunktionen nicht.

Für reelle und gerade Funktionen wird insbesondere

$$U(t) \circ\!\!-\!\!\bullet \; u(f) . \tag{1.33}$$

Mit der Transformierten einer bestimmten zeitabhängigen Funktion ist also zugleich die Transformierte dieser Funktion als frequenzabhängige Funktion bekannt, wie die oben angegebenen Beispiele elementarer Signale zeigen.

1.1.4. Zeitdauer und Bandbreite aperiodischer Signale

Für reelle Signale, die von nur einem Maximalwert nach beiden Seiten monoton abfallen und gegen Null streben, läßt sich ein technisch interessantes Maß für die Breite des Vorganges durch die Breite des flächengleichen Rechteckes mit gleicher (Maximal-) Amplitude angeben.

Allgemein definieren für flächengleiche Rechtecke mit der Amplitude des Vorganges an der Stelle Null folgende Beziehungen die Rechteckbreiten T_R und B_R im Zeit- und Frequenzbereich (vgl. Abb. 1.13):

$$\begin{aligned} u(0)\, T_R &= \int_{-\infty}^{+\infty} u(t)\, \mathrm{d}t , \\ U(0)\, B_R &= \int_{-\infty}^{+\infty} U(f)\, \mathrm{d}f . \end{aligned} \tag{1.34}$$

Unter Berücksichtigung der Gln. 1.12 gilt

$$\| \quad T_R B_R = 1. \tag{1.35}$$

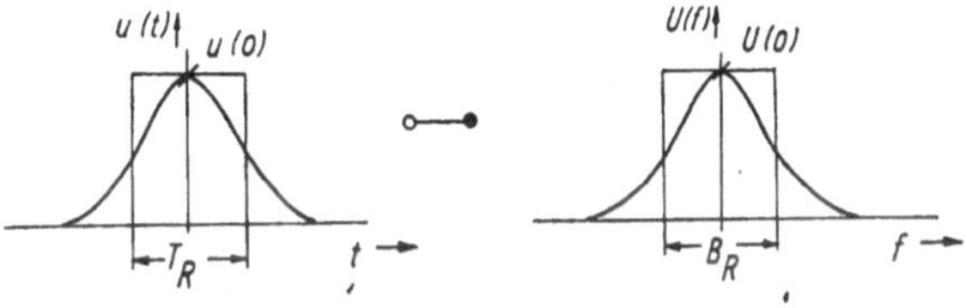

Abb. 1.13. Zeit- und Frequenzfunktion mit flächengleichen Rechtecken

Durch Modifikation der Gln. 1.34 entstehen Rechteckbreiten T_{R1} und B_{R1}, definiert durch

$$\begin{aligned} u_{\max} \cdot T_{R1} &= \int_{-\infty}^{+\infty} u(t)\, \mathrm{d}t, \\ U(0) \cdot B_{R1} &= \int_{-\infty}^{+\infty} |U(f)|\, \mathrm{d}f, \end{aligned} \tag{1.36}$$

wobei $u_{\max}$ das absolute Maximum der Funktion $u(t)$ bedeuten soll. Es gilt

$$T_{R1} \cdot B_{R1} \geqq 1. \tag{1.37}$$

Die Rechteckbreiten werden durch Integrale bestimmt, die für die praktische Anwendung unbequem sind. Einfacherere Parameter für die Breite eines Vorganges sind die durch den Abfall des Betrages vom Maximalwert auf die Hälfte bestimmten Werte (Halbwertsbreiten) T_H und B_H (s. Abb. 1.14). Für nicht zu stark unsymmetrische Zeitfunktionen, die zu beiden Seiten vom Maximum ohne starkes Überschwingen gegen Null streben (einhöckerige Impulse), gelten die Näherungen $B_H \approx B_{R1} \approx B_R$ und $T_H \approx T_{R1} \approx T_R$. Daraus entsteht die unter obigen Voraussetzungen, d. h. in der Praxis oft geltende Faustformel

$$\| \quad B_H \cdot T_H \approx 1. \tag{1.38}$$

Beachte: Die Bandbreite B wird hier im systemtheoretischen Sinne verstanden. Mit dem technischen Parameter Grenzfrequenz f_H gilt $B_H = 2f_H$, wobei f_H auch als 6-dB-Grenzfrequenz bezeichnet wird (Abfall des Spektrums um 6 dB gegenüber dem Maximalwert).

Auch in diesen Beziehungen drückt sich die Reziprozität von Zeit und Frequenz aus.

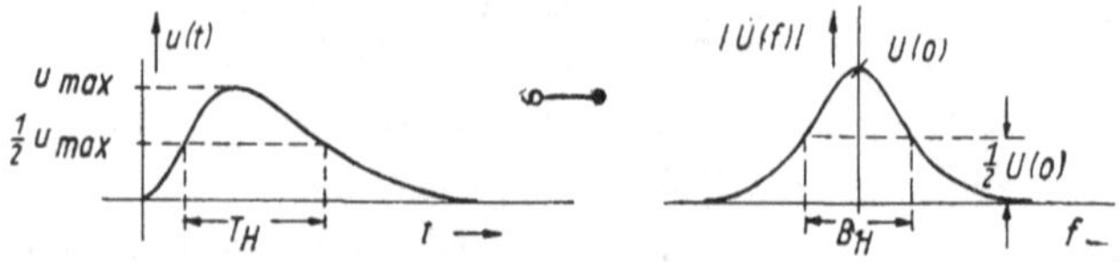

Abb. 1.14. Halbwertsbreite im Zeit- und Frequenzbereich

1.1.5. *Operationen mit Dirac- und Sprungfunktion*

Aus der Anwendung der Grundgesetze der Fourier-Transformation auf diese speziellen Signale ergeben sich einige wichtige Beziehungen, die oft eine einfache Notierung und übersichtliche Darstellung von Zusammenhängen erlauben.

Die Verschiebung einer Zeitfunktion $u(t)$ kann durch Faltung mit einem entsprechend verschobenen Einheitsstoß $\delta(t - t_0)$ ausgedrückt werden:

$$\| \; u(t - t_0) = u(t) * \delta(t - t_0). \tag{1.39}$$

Diese Beziehung ergibt sich entweder direkt aus dem Faltungsintegral unter Berücksichtigung von

$$u(t) \cdot \delta(t - t_0) = u(t_0)\, \delta(t - t_0) \tag{1.40}$$

oder einfacher aus dem Verschiebungssatz, angewandt auf $\delta(t)$,

$$\delta(t - t_0) \circ\!\!-\!\!\bullet\; \mathrm{e}^{-j2\pi t_0 f}, \tag{1.41}$$

und dem Faltungssatz.

Die Integrierte einer Zeitfunktion läßt sich durch Faltung der Originalfunktion mit dem Einheitssprung $s(t)$ darstellen.

$$\int_{-\infty}^{t} u(\tau)\,\mathrm{d}\tau = u(t) * s(t). \tag{1.42}$$

Die prinzipiell gleichen Beziehungen gelten auch für Frequenzfunktionen, wie z. B. der Vertauschungssatz deutlich macht.

1.1.6. *Periodische und abgetastete Signale*

Die Einbeziehung der DIRAC-Funktion in die Menge der fouriertransformierbaren Signale bietet die Möglichkeit, auch periodische Signale mit dem FOURIER-Integral zu behandeln, so daß auf die spezielle Darstellung mittels FOURIER-Reihe verzichtet werden kann. Die gemeinsame und einheitliche Darstellung periodischer und aperiodischer Signale ist einfach und anschaulich und nur eine Frage der Schreibweise gleicher mathematischer Zusammenhänge.

Den Zugang zu allgemeinen periodischen Funktionen vermittelt die Beziehung für periodische Stoßfolgen

$$\sum_{m=-\infty}^{+\infty} \delta(t - mt_p) \circ\!\!-\!\!\bullet\ f_0 \sum_{\mu=-\infty}^{+\infty} \delta(f - \mu f_0), \tag{1.43}$$

wobei $f_0 = 1/t_p$.
Eine periodische Stoßfolge im Zeitbereich entspricht somit einer periodischen Stoßfolge im Frequenzbereich (selbstreziproke Funktion).

Beziehung 1.43 ergibt sich durch gliedweise Anwendung des Verschiebungssatzes auf eine unendliche Reihe (hier erlaubt)

$$\sum_{m=-\infty}^{+\infty} \delta(t - mt_p) \circ\!\!-\!\!\bullet \sum_{m=-\infty}^{+\infty} \mathrm{e}^{-j2\pi m t_p f}$$

und Deutung der Frequenzfunktion als FOURIER-Reihenentwicklung

$$\sum_{\mu=-\infty}^{+\infty} \delta(f - \mu f_0) = \sum_{m=-\infty}^{+\infty} \frac{1}{f_0} \, e^{\pm j2\pi m t_p f}.$$

(Da es sich um eine gerade Funktion handelt, kann das Vorzeichen im Exponenten der FOURIER-Summe positiv oder negativ gewählt werden.)

Mit den FOURIER-Reihen der Stoßfolgen gilt also auch

$$f_0 \sum_{\mu=-\infty}^{+\infty} e^{j2\pi\mu f_0 t} \circ\!\!-\!\!\bullet \sum_{m=-\infty}^{+\infty} e^{j2\pi m t_p f}. \tag{1.44}$$

Jede periodische Funktion $u_p(t)$ läßt sich (s. a. Gl. 1.1) als Summe periodisch verschobener aperiodischer Funktionen $u(t)$, die Verschiebung nach Gl. 1.39 als Faltung mit einem Stoß ausdrücken. Damit gilt

$$u_p(t) = u(t) * \sum_{m=-\infty}^{+\infty} \delta(t - m t_p). \tag{1.45}$$

Durch Anwendung des Faltungssatzes und mit Beziehung 1.43 entsteht

$$u(t) * \sum_{m=-\infty}^{+\infty} \delta(t - m t_p) \circ\!\!-\!\!\bullet U(f) \cdot f_0 \sum_{\mu=-\infty}^{+\infty} \delta(f - \mu f_0). \tag{1.46}$$

Die Operation im Frequenzbereich (rechte Seite von Beziehung 1.46 soll *periodische Abtastung mit Stößen* oder auch einfach *Abtastung* genannt werden. Durch Abtastung entsteht aus einem kontinuierlichen Signal deren *Abgetastete*. Mit

$$U(f) \cdot f_0 \sum_{\mu=-\infty}^{+\infty} \delta(f - \mu f_0) = \sum_{\mu=-\infty}^{+\infty} U(\mu f_0) \, f_0 \delta(f - \mu f_0) \tag{1.47}$$

erkennt man, daß die Funktionswerte $U(\mu f_0)$, d. h. die *Abtastwerte* oder *Proben*, die der spektralen Amplitudendichte $U(f)$ mit der Periode f_0 entnommen werden, bei der Abgetasteten in der Form von Stoßintegralen $U(\mu f_0)\, f_0$ auftreten.

Für periodische *Frequenz*funktionen ergibt sich prinzipiell der gleiche Zusammenhang

$$u(t) \cdot t_0 \sum_{n=-\infty}^{+\infty} \delta(t - nt_0) \circ\!\!-\!\!\bullet\, U(f) * \sum_{\nu=-\infty}^{+\infty} \delta(f - \nu f_p). \qquad (1.48)$$

Allgemein gilt damit der Satz

Periodifizierung einer aperiodischen Funktion entspricht periodischer Abtastung der zugehörigen FOURIER-Transformierten.

Als Merkformel mit den zur Abkürzung verwendeten Operationssysmbolen A (Abtastung) und P (Periodifizierung)

$$\left.\begin{aligned} A\{U(f)\} &= U(f) \cdot f_0 \sum_{\mu=-\infty}^{+\infty} \delta(f - \mu f_0), \\ A\{u(t)\} &= u(t) \cdot t_0 \sum_{n=-\infty}^{+\infty} \delta(t - nt_0), \\ P\{U(f)\} &= \sum_{\nu=-\infty}^{+\infty} U(f - \nu f_p), \\ P\{u(t)\} &= \sum_{m=-\infty}^{+\infty} u(t - mt_p) \end{aligned}\right\} \qquad (1.49)$$

entsteht

$$\begin{aligned} P\{u(t)\} &\circ\!\!-\!\!\bullet\, A\{U(f)\}; \quad t_p = 1/f_0, \\ A\{u(t)\} &\circ\!\!-\!\!\bullet\, P\{U(f)\}; \quad f_p = 1/t_0. \end{aligned} \qquad (1.50)$$

Abb. 1.15 demonstriert diese Zusammenhänge. Somit gilt die Aussage

Periodische Funktionen haben eine Stoßfolge als FOURIER-Transformierte.

Zur Ermittlung der FOURIER-Transformierten einer vorgegebenen periodischen Funktion muß dieser gemäß den angegebenen Zusammenhängen eine erzeugende aperiodische Funktion zugeordnet und deren FOURIER-Transformierte (mit Stößen) abgetastet werden. Im einfachsten Falle kann die erzeugende aperiodische Funktion aus der periodischen durch Begrenzung auf eine Periode gewonnen werden.

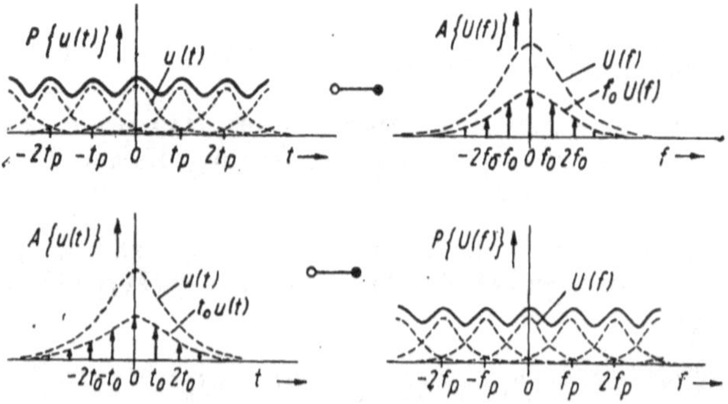

Abb. 1.15. Periodifizierung und Abtastung

Einer periodischen Funktion können beliebig viele erzeugende aperiodische Funktionen zugeordnet werden. Es ist die Menge derjenigen Funktionen, deren Fourier-Transformierten die gleichen Abgetasteten ergeben.

Für die komplexen Fourier-Koeffizienten C_μ der Fourier-Reihenentwicklung (s. Gl. 1.4) einer periodischen Zeitfunktion gilt

$$C_\mu = U(\mu f_0) \cdot f_0 . \qquad (1.51)$$

Diese Beziehung wird durch gliedweise Transformation (hier zulässig) des rechten Ausdrucks von Gl. 1.47 direkt ablesbar.

Beispiel. Die Fourier-Transformierte der periodischen Rechteckfolge im Zeitbereich mit dem Tastverhältnis $T/t_p = T f_0$

$$P\{u_R(t)\} = \sum_{m=-\infty}^{+\infty} u_R(t - m t_p) , \qquad (1.52)$$

wobei

$$u_R(t) = \begin{cases} U_0 & \text{für} \quad |t| \leqq T/2 \\ 0 & \text{sonst} \end{cases} ,$$

hat die Fourier-Transformierte

$$A\{U_0T \cdot \mathrm{si}\,(\pi T f)\} = \sum_{\mu=-\infty}^{+\infty} U_0 T f_0 \,\mathrm{si}\,(\pi T \mu f_0) \cdot \delta(f - \mu f_0) \qquad \text{mit } f_0 = 1/t_p \tag{1.53}$$

(s. Abb. 1.16). Die komplexen Fourier-Koeffizienten der Reihenentwicklung ergeben sich daraus zu

$$C_\mu = U_0 T f_0 \,\mathrm{si}\,(\pi \mu T f_0). \tag{1.54}$$

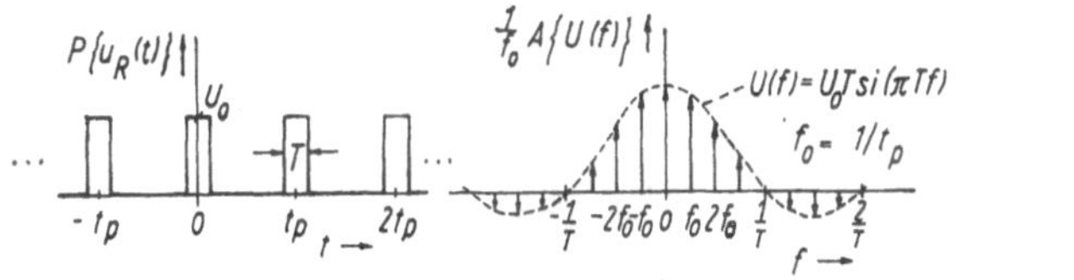

Abb. 1.16. Periodische Rechteckfolge und zugehörige Fourier-Transformierte

1.1.7. *Abtasttheorem*

Nach den vorhergehenden Betrachtungen hängt ein periodisches Signal zwar eindeutig von einem vorgegebenen aperiodischen Signal ab, aber aus einem gegebenen periodischen Signal läßt sich i. a. nicht eindeutig ein aperiodisches bestimmen. Das trifft auch auf die zugehörigen Fourier-Transformierten zu. Zwar hängt die Abgetastete eindeutig von der kontinuierlichen Originalfunktion ab, aber aus Abtastwerten ist i. a. nicht eindeutig auf ein erzeugendes Originalsignal zu schließen. Für den Fall aperiodischer Funktionen, die außerhalb eines endlichen Argumentintervalles identisch verschwinden, läßt sich allerdings eine eindeutige Beziehung zwischen aperiodischem und periodischem Signal herstellen, dann gilt für die Transformierten die Aussage des *Abtasttheorems*: Aus Abtastwerten kann (unter den vorausgesetzten Bedingungen) eindeutig eine zugehörige kontinuierliche Funktion ermittelt werden. Diese Tatsache hat eine außerordentlich große Bedeutung in der Technik, insbesondere in der Anwendung auf frequenzbandbegrenzte Zeitfunktionen. Derartige Signale können also in Form ihrer Abtastwerte dargestellt und so übertragen, vermittelt und verarbeitet werden. Das Abtasttheorem bildet damit auch die Grundlage für die digitale Übertragung und Verarbeitung kontinuierlicher (bandbegrenzter) Signale. Es wurde zuerst von KOTELNIKOW (1933) und SHANNON (1948) angegeben.

Die Zusammenhänge sollen zunächst für ein zeitbegrenztes Signal gezeigt werden. Bei der Periodifizierung (Periode t_p) eines zeitlich auf das (offene) Intervall $-T_0/2 < t < +T_0/2$ begrenzten Signals $u(t)$, d. h.

$$u(t) \equiv 0 \quad \text{für} \quad |t| \geqq T_0/2, \tag{1.55}$$

entsteht für $t_p \geqq T_0$ eine periodische Zeitfunktion $P\{u(t)\}$, aus der durch zeitliche Begrenzung die erzeugende Funktion eindeutig zurückgewonnen werden kann. Die zeitliche Begrenzung läßt sich mathematisch als Multiplikation mit einer Rechteckfunktion $u_r(t)$ der Breite T darstellen:

$$u_r(t) = \begin{cases} 1 & \text{für} \quad |t| \leqq T/2 \\ 0 & \text{sonst} \end{cases}, \tag{1.56}$$

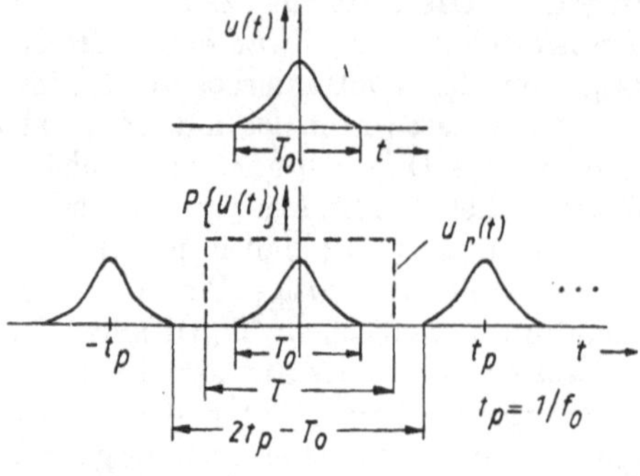

Abb. 1.17. Rückgewinnung von $u(t)$ aus der periodischen Funktion $P\{u(t)\}$

wobei $T_0 \leqq T \leqq 2t_p - T_0$ gelten muß. Somit gilt (s. a. Abb. 1.17)

$$u(t) = [u_r(t)]\,[P\{u(t)\}], \tag{1.57}$$

woraus sich durch FOURIER-Transformation mit $u_r(t)$ ○—● $T \operatorname{si}(\pi T f)$ die Aussage des *Abtasttheorems* ergibt:

$$U(f) = [T \operatorname{si}(\pi T f)] * [A\{U(f)\}] \tag{1.58}$$

oder ausführlich

$$\begin{aligned} U(f) &= \sum_{\mu=-\infty}^{+\infty}{}' U(\mu f_0)\, f_0 T \operatorname{si}[\pi T(f - \mu f_0)] \\ &\quad \text{mit} \quad f_0 = 1/t_p \leqq 1/T_0, \\ &\quad\quad\quad T_0 \leqq T \leqq (2/f_0) - T_0. \end{aligned} \tag{1.59}$$

$U(f)$ läßt sich also unter den angegebenen Voraussetzungen mit Hilfe seiner Abtastwerte ausdrücken, sofern die Abtastperiode $f_0 \leqq 1/T_0$ gewählt wurde. Als Interpolationsfunktion dient dabei die Spaltfunktion.

In Lehrbüchern wird oft für die Interpolationsfunktion $T = 1/f_0$ gewählt. Das ist besonders anschaulich, wie Abb. 1.18 zeigt. Die gleichen Zusammenhänge gelten für

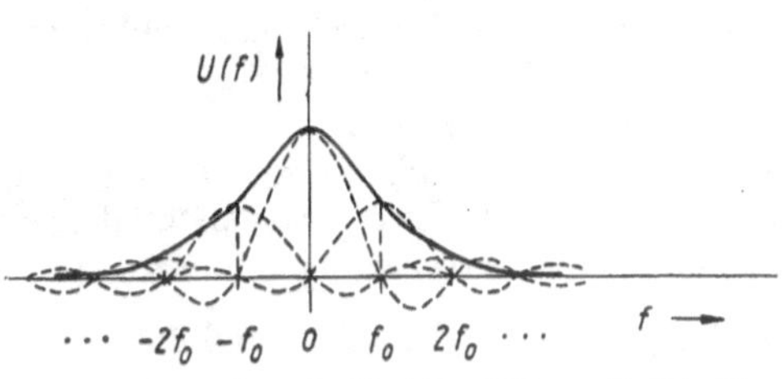

Abb. 1.18. Darstellung der Funktion $U(f)$ gemäß Abtasttheorem mit $T = 1/f_0$

die Rekonstruktion von Zeitfunktionen $u(t)$ aus ihren Abtastwerten $u(nt_0)$, wenn die spektrale Amplitudendichte $U(f)$ ●—○ $u(t)$ auf B_0 begrenzt ist, d. h.

$$U(f) \equiv 0 \quad \text{für} \quad |f| \geqq B_0/2. \tag{1.60}$$

Entsprechend den Beziehungen 1.58 und 1.59 gilt

$$u(t) = [B \operatorname{si} (\pi B t)] * [A\{u(t)\}] \tag{1.61}$$

oder ausführlich

$$\begin{aligned} u(t) &= \sum_{n=-\infty}^{+\infty} u(nt_0) \cdot t_0 B \operatorname{si} [\pi B(t - nt_0)] \\ \text{mit} \quad t_0 &= 1/f_p \leqq 1/B_0, \\ B_0 &\leqq B \leqq (2/t_0) - B_0. \end{aligned} \tag{1.62}$$

Die Abtastung von Zeitfunktionen hat technisch sehr große Bedeutung erlangt.

Beachte: Die maximale Abtastperiode beträgt

$$f_{0\max} = 1/T_0 \quad \text{bzw.} \quad t_{0\max} = 1/B_0. \tag{1.63}$$

Anstelle des systemtheoretischen Parameters wird bei frequenzbandbegrenzten Funktionen oft der technische Parameter Grenzfrequenz $f_g = B_0/2$ angegeben, dann gilt

$$t_{0\max} = 1/2f_g. \tag{1.64}$$

Die minimale Abtastfrequenz bandbegrenzter Zeitfunktionen ist gleich der doppelten Grenzfrequenz.

Folgende Modifikationen ergeben sich unmittelbar aus der Vorschrift der Herauslösung des erzeugenden Vorgangs aus der periodischen Funktion:

Interpolationsfunktion bei kleinerer Abtastperiode $f_0 < f_{0\max}$ *bzw.* $t_0 < t_{0\max}$. Als Interpolationsfunktionen $u_I(t)$ bzw. $U_I(f)$ können alle Funktionen dienen, deren Transformierte konstant ($\neq 0$) im Intervall $|t| \leqq \frac{1}{2} T_0$ bzw. $|f| \leqq \frac{1}{2} B_0$ sind und für $|t| \geqq (1/f_0) - T_0/2$ bzw. $|f| \geqq (1/t_0) - B_0/2$ identisch verschwinden. Abb. 1.19 zeigt einige Beispiele.

Begrenzungsintervalle unsymmetrisch zur Ordinate. Die bisher vorausgesetzte Nullpunktsymmetrie der Intervalle mit der Breite T_0 bzw. B_0 wurde nur der Übersichtlichkeit halber gewählt. Bei Intervallen, die um t_v bzw. f_v gegenüber der symmetrischen Lage in Richtung positiver Argumente verschoben sind, ändern sich die Interpolationsfunktionen in den Gln. 1.59 und 1.62 gemäß

$$\begin{aligned} T \operatorname{si}[\pi T(f-\mu f_0)] &\to e^{-j2\pi t_v \mu f_0} T \operatorname{si}[\pi T(f-\mu f_0)], \\ B \operatorname{si}[\pi B(t-n t_0)] &\to e^{+j2\pi f_v n t_0} B \operatorname{si}[\pi B(t-n t_0)]. \end{aligned} \tag{1.65}$$

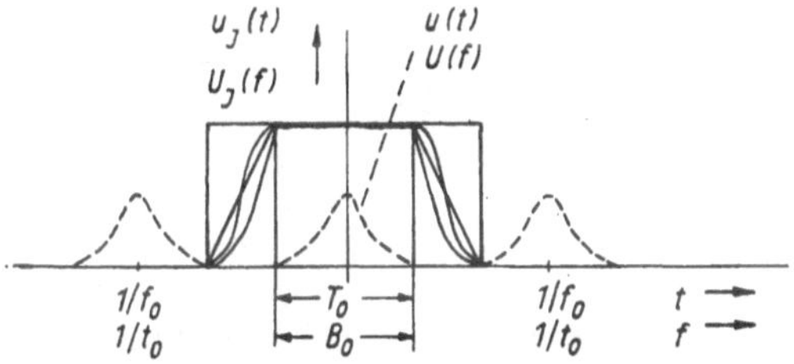

Abb. 1.19. Beispiele für FOURIER-Transformierte zulässiger Interpolationsfunktionen

Funktionen, deren Transformierte in einem weiteren Intervall innerhalb $|t| \leqq \frac{1}{2}\, T_0$ *bzw.* $|f| \leqq \frac{1}{2}\, B_0$ *identisch verschwinden.* Der Übersichtlichkeit und der technischen Wichtigkeit halber sollen die Betrachtungen auf symmetrische Intervalle gemäß Abb. 1.20 beschränkt werden.

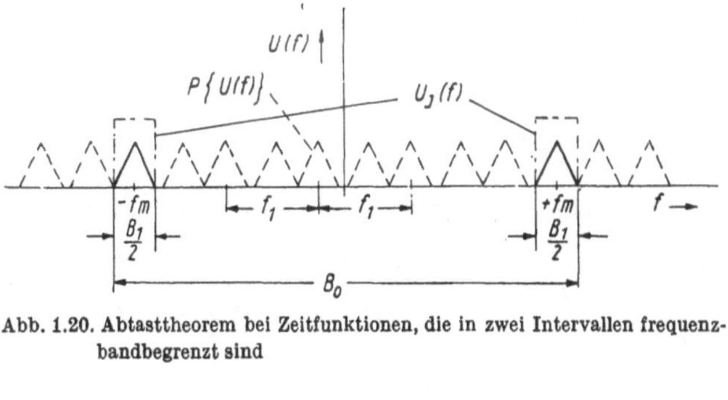

Abb. 1.20. Abtasttheorem bei Zeitfunktionen, die in zwei Intervallen frequenzbandbegrenzt sind

Für das Signal mit der skizzierten FOURIER-Transformierten $U(f)$ soll gelten

$$U(f) \equiv 0 \quad \text{für} \quad \begin{cases} |f| \geqq \dfrac{B_0}{2}, \\ |f| \leqq \dfrac{B_0}{2} - \dfrac{B_1}{2} \end{cases} \tag{1.66}$$

$$\text{und} \quad f_m = \frac{1}{2}\left[B_0 - \frac{B_1}{2}\right].$$

Eine Rekonstruktion der zugehörigen Zeitfunktion aus Abtastwerten mit der Abtastperiode $t_0 \leqq 1/B_0$, entsprechend einer Periodifizierung im Frequenzbereich mit $f_p \geqq B_0$, ist möglich. Es zeigt sich jedoch, daß in diesem Falle auch eine Periodifizierung mit $f_p < B_0$, wie in Abb. 1.20 skizziert, eine eindeutige Rückgewinnung der Originalfunktion erlaubt. Die Bedingung für $f_p = \dfrac{1}{t_0}$ lautet

$$B_1 \leqq \frac{2f_m + \dfrac{B_1}{2}}{k+1} \leqq f_p \leqq \frac{2f_m - \dfrac{B_1}{2}}{k} \tag{1.67}$$

($k \geqq 0$, ganz).

Beispiel. Für $\dfrac{B_1}{2} = 1$, $f_m = 5$ gilt $f_p \geqq 11$ für $k = 0$, außerdem

k	f_p
1	5,50 ··· 9,00
2	3,67 ··· 4,50
3	2,75 ··· 3,00
4	2,20 ··· 2,25.

Für Spektralfunktionen mit sehr kleiner relativer Bandbreite $\dfrac{B_1}{f_m} \ll 1$ (Schmalbandsignal) strebt $f_{p\,\min} = \dfrac{1}{t_{0\,\max}}$ gegen B_1, der systemtheoretischen (belegten)

Bandbreite. Mit der technischen Bandbreite $B_1/2$ gilt dann wiederum: Minimale Abtastfrequenz gleich doppelter technischer Bandbreite.

Zur Wiedergewinnung des erzeugenden Vorganges dient die Spektralfunktion (s. a. Abb. 1.20):

$$U_I(f) = \begin{cases} 1 & \text{für } \dfrac{B_0}{2} - \dfrac{B_1}{2} \leqq |f| \leqq \dfrac{B_0}{2}, \\ 0 & \text{sonst}. \end{cases} \tag{1.68}$$

Damit lautet die Interpolationsfunktion im Zeitbereich (s. Gl. 1.39)

$$u_I(t) = B_1 \cos (2\pi f_m t) \operatorname{si} \left(\pi \frac{B_1}{2} t\right) \tag{1.69}$$

und die komplette Funktion

$$u(t) = u_I(t) * A\{u(t)\}$$

ausführlich

$$\begin{aligned} u(t) &= \sum_{n=-\infty}^{+\infty} u(nt_0)\, t_0 B_1 \operatorname{si} \left[\pi \frac{B_1}{2} (t - nt_0)\right] \\ &\quad \times \cos [2\pi f_m (t - nt_0)] \\ &\quad \text{mit } t_0 = \frac{1}{f_p} \text{ nach Gl. 1.67.} \end{aligned} \tag{1.70}$$

Über weitere Modifikationen und Aspekte des Abtasttheorems vgl. [3].

1.1.8. Diskrete Fourier-Transformation

Ausgehend von aperiodischen Zeit- und Frequenzfunktionen wurde bereits das Zusammenspiel von Periodifizierung und Abtastung betrachtet, dargestellt in den Beziehungen 1.50. Dort stehen sich jeweils ein periodisches kontinuierliches und ein aperiodisches diskontinuierliches Signal als FOURIER-Transformierte gegenüber.

Eine erneute Periodifizierung, angewandt auf das aperiodische diskontinuierliche Signal (die Abgetastete), führt zur Abtastung der periodischen kontinuierlichen Transformierten. Für eine aperiodische Zeitfunktion $u(t)$ ergibt sich damit

$$A\{P\{u(t)\}\} \circ\!\!-\!\!\bullet\ P\{A\{U(f)\}\}. \tag{1.71}$$

Abb. 1.21 demonstriert diese Zusammenhänge. Der Fall

$$\| \; f_p = N f_0, \quad N \text{ natürliche Zahl}, \tag{1.72}$$

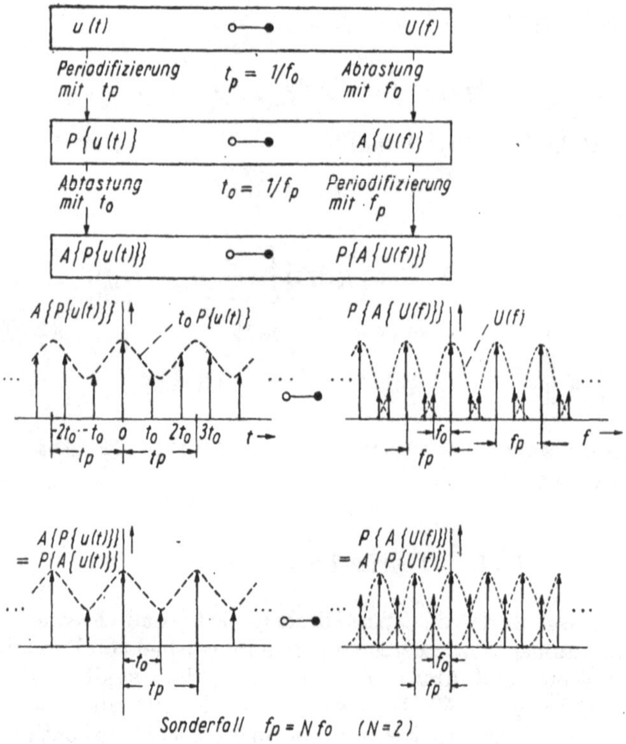

Abb. 1.21. Abtastung einer periodifizierten Zeitfunktion

ist von besonderem Interesse und soll weiterhin vorausgesetzt werden. Dann überlagern sich die Stöße der Frequenzfunktion bei der Periodifizierung, ebenso entsteht durch Abtastung der periodischen Funktion eine Stoßfolge mit der gleichen Periode, wie Abb. 1.21 zeigt. Insbesondere gilt unter der Voraussetzung von Gl. 1.72 auch

$$\begin{aligned} P\{A\{U(f)\}\} &= A\{P\{U(f)\}\}, \\ A\{P\{u(t)\}\} &= P\{A\{u(t)\}\}, \end{aligned} \tag{1.73}$$

d. h., die Operationen Abtastung und Periodifizierung sind in der Reihenfolge vertauschbar:

$$\begin{aligned} A\{P\{u(t)\}\} &\circ\!\!-\!\!\bullet\; A\{P\{U(f)\}\}, \\ P\{A\{u(t)\}\} &\circ\!\!-\!\!\bullet\; P\{A\{U(f)\}\}. \end{aligned} \tag{1.74}$$

Mit diesen Voraussetzungen gilt der Satz:

Durch aufeinanderfolgende Abtastung und Periodifizierung, angewandt auf *aperiodische kontinuierliche* Zeit- und Frequenzfunktionen,

$$u(t) \circ\!\!-\!\!\bullet\; U(f),$$

entstehen *periodische diskontinuierliche* Zeit- und Frequenzfunktionen, die ebenfalls durch die FOURIER-Transformation verknüpft sind, wenn gilt

$$f_p \cdot t_p = \frac{1}{f_0 \cdot t_0} = N \qquad \left(f_p = \frac{1}{t_0}\right).$$

Die durch Abtastung und Periodifizierung entstehenden periodischen Stoßfolgen sind (immer unter den angegebenen Voraussetzungen) durch je eine Periode im Zeit- und Frequenzbereich, also durch je N Abtastwerte, vollständig bestimmt. Die FOURIER-Transformation reduziert sich in diesem speziellen Fall also auf die gegenseitige Abbildung von zwei Zahlenfolgen zu je N Elementen. Aus den Integralbeziehungen entstehen Beziehungen zwischen endlichen Summen, die *diskrete Fourier-Trans-*

formation:

$$\begin{aligned} P\{u(nt_0)\} &= f_0 \sum_{\mu=0}^{N-1} P\{U(\mu f_0)\}\, \mathrm{e}^{j2\pi\frac{n\mu}{N}}, \\ P\{U(\mu f_0)\} &= t_0 \sum_{n=0}^{N-1} P\{u(nt_0)\}\, \mathrm{e}^{-j2\pi\frac{n\mu}{N}}. \end{aligned} \tag{1.75}$$

Die Summenausdrücke können als Approximationen der Fourier-Integrale (angewandt auf periodifizierte Funktionen) mit Hilfe der Rechteckregel interpretiert werden (vgl. Gln. 1.4 und 1.8). Für geeignet gewählte Abtastintervalle f_0 und t_0 können die Beziehungen 1.75 daher zur näherungsweisen Durchführung der Fourier-Transformation dienen, genauer zur Berechnung von äquidistanten Abtastwerten der Zeit- und Frequenzfunktionen aus äquidistanten Abtastwerten der jeweiligen Fourier-Transformierten. Die Berechnung ist um so genauer, je besser Originalfunktionen und zugehörige Periodifizierte übereinstimmen. Damit ist eine Einsicht in den Fehlermechanismus gegeben.

Da bei den Originalfunktionen nur entweder $u(t)$ zeitbegrenzt oder $U(f)$ bandbegrenzt sein kann (d. h., das Abtasttheorem kann nur entweder auf die Zeit- oder auf die Frequenzfunktion angewandt werden), muß stets als Folge der Periodifizierung ein Fehler auftreten, der jedoch in Abhängigkeit von t_0 und N bzw. f_0 und N für die interessierenden Abtastwerte meist beliebig klein gemacht werden kann. (Ausnahmen bilden Funktionen mit Unstetigkeitsstellen in Form von Sprüngen, bei denen das Gibbssche Phänomen auftritt sowie Bereiche der gegenseitigen Überlagerung kleiner Abtastwerte bei der Periodifizierung.)

Die diskrete Fourier-Transformation ist besonders gut zur numerischen Berechnung mit Digitalrechnern geeignet, da für sie ein zeitsparender Algorithmus, die sogenannte „Schnelle Fourier-Transformation“, existiert (s. z. B. [4]).

Ergänzung. Allgemein ist die diskrete FOURIER-Transformation eine lineare Operation zur Abbildung endlicher Folgen auf endliche Folgen. Mit den Substitutionen

$$\begin{aligned} d_n &= P\{u(nt_0)\}, \\ D_\mu &= f_0 P\{U(\mu f_0)\} \end{aligned} \tag{1.76}$$

entsteht z. B. die Form

$$\begin{aligned} d_n &= \sum_{\mu=0}^{N-1} D_\mu \, e^{j2\pi\frac{n\mu}{N}}, \\ D_\mu &= \frac{1}{N} \sum_{n=0}^{N-1} d_n \, e^{-j2\pi\frac{n\mu}{N}}. \end{aligned} \tag{1.77}$$

Sie kann auch in Vektor- oder Matrizenschreibweise notiert werden. Die Auffassung der Elemente d_n und D_μ als äquidistante Abtastwerte kontinuierlicher periodischer Funktionen ist eine spezielle signaltheoretische Auslegung.

1.1.9. *Fourier-Transformation und andere Funktionaltransformationen*

Laplace-Transformation. Stückweise stetige Zeitfunktionen $u(t)$, deren Betrag für zunehmende positive Werte des Argumentes t unbeschränkt anwächst, sind nicht fouriertransformierbar. Unter den Voraussetzungen

$$|u(t)| < K_0 \, e^{\sigma_0 t}, \quad \begin{aligned} &\sigma_0 > 0 \text{ reell} \\ &K_0 > 0 \text{ reell} \end{aligned} \tag{1.78}$$

(Wachstum höchstens exponentiell) und

$$u(t) \equiv 0 \quad \text{für} \quad t < 0 \tag{1.79}$$

(solche Zeitfunktionen werden oft als *kausal* bezeichnet) kann jedoch auf $u(t) \cdot e^{-\sigma t}$ für $\sigma > \sigma_0$ die FOURIER-Transformation angewendet werden:

$$
\begin{aligned}
U_\sigma(f) &= \int_0^\infty u(t)\, \mathrm{e}^{-\sigma t}\mathrm{e}^{-j2\pi ft}\, \mathrm{d}t\,, \\
u(t) &= \mathrm{e}^{+\sigma t}\int_{-\infty}^{+\infty} U_\sigma(f)\, \mathrm{e}^{+j2\pi ft}\, \mathrm{d}f\,.
\end{aligned}
\tag{1.80}
$$

Durch Multiplikation von $u(t)$ mit dem Faktor $\mathrm{e}^{-\sigma t}$, $\sigma > \sigma_0$, (reell, sonst beliebig) wird die Konvergenz des FOURIER-Integrales erzwungen (σ_0 heißt Konvergenzabszisse).

Mit der Substitution

$$p = \sigma + j\omega\,, \tag{1.81}$$

wobei $\omega = 2\pi f$, und mit $U_L(p) = U_\sigma(f)$ folgen aus 1.80 die Integralbeziehungen der *Laplace-Transformation*:

$$
\begin{aligned}
U_L(p) &= \int_0^\infty u(t)\, \mathrm{e}^{-pt}\, \mathrm{d}t\,, \\
u(t) &= \frac{1}{j2\pi}\int_{\sigma-j\infty}^{\sigma+j\infty} U_L(p)\, \mathrm{e}^{+pt}\, \mathrm{d}p\,.
\end{aligned}
\tag{1.82}
$$

Der Ausdruck für $u(t)$ ist eigentlich die Rücktransformation für die zweiseitige LAPLACE-Transformierte.

Die LAPLACE-Transformierte $U_L(p)$ ist die FOURIER-Transformierte einer mit $\mathrm{e}^{-\sigma t}$ multiplizierten Zeitfunktion $u(t)$.

Für $\sigma = 0$ (d. h. $p = j\omega = j2\pi f$) sind FOURIER- und LAPLACE-Transformation identisch, wenn $u(t)$ zugleich fourier- und laplacetransformierbar ist.

Die Schreibweise

$$
\begin{aligned}
U_\omega(\omega) &= \int_{-\infty}^{+\infty} u(t)\, \mathrm{e}^{-j\omega t}\, \mathrm{d}t\,, \\
u(t) &= \frac{1}{2\pi}\int_{-\infty}^{+\infty} U_\omega(\omega)\, \mathrm{e}^{+j\omega t}\mathrm{d}\omega\,.
\end{aligned}
\tag{1.83}
$$

der FOURIER-Transformation wird oft verwendet. In dieser Form tritt jedoch die Symmetrie nicht so deutlich hervor, z. B. gilt $1 \circ\!\!-\!\!\bullet\, 2\pi\delta(\omega)$; $\delta(t) \circ\!\!-\!\!\bullet\, 1$.

Laplacetransformierte elementarer Signale.

	$u(t)$	$U_L(p)$
Einheitsstoß	$\delta(t)$	1
Einheitssprung	$s(t)$	$\frac{1}{p}$
Exponentialfunktion	$\begin{cases} e^{\lambda t} & \text{für } t \geqq 0 \\ 0 & \text{sonst} \end{cases}$	$\frac{1}{p-\lambda}$

Einige Grundgesetze:

Verschiebungssatz: $u(t - t_0) \to U_L(p)\, e^{-pt_0}$, $t_0 > 0$, reell; (1.84)

$$\text{Ähnlichkeitssatz:}\quad u(at) \to \frac{1}{a}\, U_L\left(\frac{p}{a}\right),\ a > 0,\ \text{reell;} \tag{1.85}$$

$$\text{Differentiationssatz:}\quad \frac{du(t)}{dt} \to pU_L(p) - u(0); \tag{1.86}$$

$$\text{Integrationssatz:}\quad \int_0^t u(\tau)\, d\tau \to \frac{1}{p}\, U_L(p); \tag{1.87}$$

$$\text{Faltungssatz:}\quad u_1(t) * u_2(t) \to U_{L1}(p) \cdot U_{L2}(p). \tag{1.88}$$

Wegen $u_1(t) \equiv u_2(t) \equiv 0$ für $t < 0$ wird die Faltungsoperation im Zusammenhang mit der LAPLACE-Transformation oft in der Form $u_1(t) * u_2(t) = \int_0^t u_1(\tau)\, u_2(t - \tau)\, d\tau$ dargestellt.

Anwendung. Hauptanwendungsgebiet der LAPLACE-Transformation ist die Analyse und Synthese linearer Netzwerke mit konzentrierten Parametern.

Die sie im Zeitbereich beschreibenden linearen Differentialgleichungen mit konstanten Koeffizienten führen im Bildbereich der LAPLACE-Transformation auf rationale Funktionen, die mit den Mitteln der Funktionentheorie eine elegante Behandlung erlauben.

Insbesondere lassen sich Einschwingvorgänge einfach berechnen (s. z. B. [5, 6]).

Laurent- und Z-Transformation. Die FOURIER-Transformierte einer Folge äquidistanter Stöße, in der Interpretation als Abgetastete eines kontinuierlichen Vorganges, wurde als Frequenzfunktion in der Kurzform nach den Gln. 1.50 notiert, $P\{U(f)\} \bullet\!\!-\!\!\circ A\{u(t)\}$, wobei

$$A\{u(t)\} = t_0 \sum_{n=-\infty}^{\infty} u(nt_0)\, \delta(t - nt_0). \tag{1.89}$$

Die FOURIER-Transformation in den Frequenzbereich ergibt

$$P\{U(f)\} = t_0 \sum_{n=-\infty}^{+\infty} u(nt_0)\, e^{-j2\pi nt_0 f}. \tag{1.90}$$

Die Abtastwerte $u(nt_0)$ können als Elemente einer Folge $\{u_n\}$ aufgefaßt werden und der Summenausdruck für $\frac{1}{t_0} P\{U(f)\}$ mit der Substitution

$$e^{j2\pi f t_0} = z \tag{1.91}$$

als Abbildung dieser Folge auf eine Funktion mit der komplexen Variablen z, wobei $|z| = 1$ (Einheitskreis in der komplexen GAUSSschen Zahlenebene). Diese Abbildung wird als *Laurent-Transformation* bezeichnet.

$$F(z) = \sum_{n=-\infty}^{+\infty} u_n z^{-n}. \tag{1.92}$$

Ist die Ausgangsfunktion $u(t) \equiv 0$ für $t < 0$ und gilt Gl. 1.78, dann ist Gl. 1.89 u. U. nicht fouriertransformierbar, jedoch kann die LAPLACE-Transformation angewandt werden. Es entsteht anstelle der FOURIER-Transformierten Gl. 1.90 der Abgetasteten $A\{u(t)\}$ (Gl. 1.89) die LAPLACE-Transformierte

$$U_{\mathrm{LA}}(p) = t_0 \cdot \sum_{n=0}^{\infty} u(nt_0)\, e^{-nt_0 p}. \tag{1.93}$$

Mit der Substitution

$$e^{pt_0} = z \tag{1.94}$$

ergibt sich für $U_{\mathrm{LA}}(p)/t_0$ die *Z-Transformierte* der Folge

$\{u_n\} = \{u(nt_0)\}$:

$$U_z(z) = \sum_{n=0}^{\infty} u_n z^{-n} \tag{1.95}$$

mit der komplexen Variablen z. Die Summe konvergiert nur für $|z| > z_0$, $z_0 = e^{\sigma_0 t_0}$ (Konvergenzradius).

Die Z-Transformierte der Folge $\{u_n\}$ ist für $z = e^{pt_0}$ identisch mit der LAPLACE-Transformierten der Stoßfolge $\sum_{n=0}^{\infty} u_n \delta(t - nt_0)$.

Faßt man die Elemente der Folge $\{u_n\}$ als Abtastwerte einer Zeitfunktion $u(t)$ auf, d. h. $u_n = u(nt_0)$, dann erhält man für die Abgetastete der Zeitfunktion, d. h. für $u(t) \cdot \sum_{n=-\infty}^{+\infty} t_0 \delta(t - nt_0)$, die LAPLACE-Transformierte $U_{LA}(p) = t_0 U_z(z)|_{z=e^{pt_0}}$. In der Literatur spricht man daher teilweise auch von der Z-Transformierten einer (abgetasteten) Zeitfunktion.

Z-Transformierte elementarer Folgen:

u_n	$U_z(z)$
$\begin{cases} 1 \text{ für } n = 0 \\ 0 \text{ für } n \neq 0 \end{cases}$	1
$\begin{cases} 1 \text{ für } n \geqq 0 \\ 0 \text{ sonst} \end{cases}$	$\dfrac{z}{z-1}$
$\begin{cases} e^{an} \text{ für } n \geqq 0 \\ 0 \text{ sonst} \end{cases}$	$\dfrac{z}{z-e^a}$

Einige Grundgesetze:

Verschiebungssatz $\{u_{n-k}\} \to z^{-k} U_z(z)$; $k > 0$ (1.96)

Ähnlichkeitssatz $\{\lambda^n u_n\} \to U_z\left(\dfrac{z}{\lambda}\right)$, $\lambda \neq 0$; (1.97)

Differenzensatz $\{u_{n+1} - u_n\} \to (z-1)\, U_z(z) - z u_0$; (1.98)

Faltungssatz $u_{1,n} * u_{2,n} \to U_{z1}(z)\, U_{z2}(z)$ (1.99)

$$\left(u_{1,n} * u_{2,n} = \sum_{k=0}^{\infty} u_{1,k} u_{2,n-k}\right).$$

Anwendung. Die Z-Transformation eignet sich besonders zur Analyse und Synthese von diskreten Systemen z. B. in der Form der Abtastsysteme oder der digitalen Filter, wie noch gezeigt wird (s. S. 113); Literatur: [7, 8].

Die Rücktransformation rationaler Funktionen $U_z(z)$, die bei der Lösung von Differenzengleichungen zur Beschreibung diskreter Systeme auftreten, ist besonders einfach (Ausdividieren, rekursive Berechnung besonders für Digitalrechner geeignet). Die Z-Transformation steht gegenüber der Laurent-Transformation im gleichen Verhältnis wie die Laplace-Transformation gegenüber der Fourier-Transformation.

Hilbert-Transformation. Gegeben sei ein Funktionenpaar $u(t) \circ\!\!-\!\!\bullet\, U(f)$, das aus je zwei i. a. komplexen Summanden besteht:

$$\begin{array}{l} u(t) = u_1(t) + j u_2(t), \\ U(f) = U_1(f) + j U_2(f), \end{array} \quad \text{wobei} \quad \begin{array}{l} u_1(t) \\ U_1(f) \end{array} \quad \begin{array}{l} u_2(t). \\ U_2(f). \end{array} \qquad (1.100)$$

Folgende Sonderfälle werden betrachtet:

Fall 1	$u(t) \equiv 0$ für $t < 0$ kein Stoß bei $t = 0$ $u_1(t)$, $u_2(t)$ mit geradem Realteil, ungeradem Imaginärteil	Fall 2	$U(f) \equiv 0$ für $f < 0$ (1.101) kein Stoß bei $f = 0$ $U_1(f)$, $U_2(f)$ mit geradem Realteil, ungeradem Imaginärteil

Daraus folgt:

$u(t) = 2u_1(t) = 2ju_2(t)$ für $t \geqq 0$

$U(f) = 2U_1(f) = 2jU_2(f)$ für $f \geqq 0$

$u_1(t) = u_2(t) \cdot j \operatorname{sgn} t$ $\circ\!-\!\bullet$ $U_1(f) = U_2(f) * 1/\pi f$; U_1, U_2 reell

$U_1(f) = U_2(f)\, j \operatorname{sgn} f$ $\bullet\!-\!\circ$ $u_1(t) = u_2(t) * (-1)/\pi t$; u_1, u_2 reell

$$U_1(f) = \frac{1}{\pi} \int\limits_{-\infty}^{+\infty} \frac{U_2(\nu)}{f - \nu} \, \mathrm{d}\nu . \qquad u_1(t) = \frac{-1}{\pi} \int\limits_{-\infty}^{+\infty} \frac{u_2(\tau)}{t - \tau} \, \mathrm{d}\tau . \tag{1.102}$$

Die HILBERT-Transformierte einer Funktion $f_2(x)$ ist:

$$f_1(x) = H\{f_2(x)\} = \frac{1}{\pi} \text{ V.P.} \int\limits_{-\infty}^{+\infty} \frac{f_2(y)}{x - y} \, \mathrm{d}y . \tag{1.103}$$

(V.P. bedeutet, daß für das Integral der CAUCHYsche Hauptwert gilt.) Somit gilt für den Zusammenhang der Real- und Imaginärteile:

$$U_1(f) = H\{U_2(f)\}, \quad U_2(f) = -H\{U_1(f)\}.$$

$$u_1(t) = -H\{u_2(t)\}, \quad u_2(t) = H\{u_1(t)\}.$$

Bei Zeitfunktionen, die für $t < 0$ verschwinden (kausale Funktionen, laplacetransformierbar), sind Realteil U_1 und Imaginärteil U_2 der Spektralfunktion $U(f)$ durch die HILBERT-Transformation verknüpft.

$$U(f) = U_1(f) - jH \times \{U_1(f)\}.$$

Die aus einer reellen Zeitfunktion $u_1(t)$ durch Zufügen der imaginären HILBERT-Transformierten $jHu_1(t)$ entstehende Zeitfunktion

$$u(t) = u_1(t) + jH\{u_1(t)\}$$

heißt *analytisches Signal*.

Beachte auch:

$$U(f) = \begin{cases} 2\, U_1(f) & \text{für } f \geqq 0 \\ 0 & \text{sonst.} \end{cases}$$

Anmerkung. Die Signalbeschreibung durch Zeitfunktion und die im Abschnitt 1.1. bevorzugte spektrale Darstellung mittels FOURIER-Integral beruht auf dem Gedanken der zweckmäßigen additiven Zerlegung der Zeitfunktion in Elementarfunktionen.

Die mathematische Eigenschaft der *Orthogonalität*, die die Sinus- bzw. Drehzeigerschwingungen auszeichnet, haben noch andere Funktionensysteme, wie z. B. die BESSEL-Funktionen und die LEGENDREschen Polynome. Technisch interessant sind jedoch insbesondere Funktionen, die in Elementarschaltungen technischer Einrichtungen auftreten bzw. zu erzeugen sind (Schwingkreis bei Sinusfunktionen). Daher hat seit einiger Zeit das orthogonale System der *Walsh-Funktionen* an Bedeutung gewonnen, das sind Funktionen, die nur die Werte ± 1 annehmen und daher unmittelbare Beziehungen zu digitalen Schaltungen haben. Die additive Zerlegung von Zeitfunktionen in WALSH-Funktionen führt zur WALSH-Transformation. Eine Übersicht bietet [9].

Die additive Zerlegung kann auch als Komponentendarstellung in einem mehrdimensionalen Vektorraum aufgefaßt werden. Das führt zu einer geometrischen Signalbeschreibung im *Signalraum*. Grundbegriffe sind z. B. in [10] dargestellt.

1.2. Theorie linearer Systeme

Als System wird in diesem Zusammenhang das mathematische Modell einer Anordnung verstanden, deren Reaktion auf gewisse Erregungen interessiert. Das Modell enthält demzufolge Eingänge, die mit Signalen beaufschlagt werden und Ausgänge, an denen eine „Antwort" des Systems erfolgt. Hier werden ausschließlich Systeme mit je *einem* Ein- und Ausgang betrachtet, wie sie beispielsweise Nachrichtenübertragungseinrichtungen, Regelstrecken, Meßanordnungen u. a., aber auch Baugruppen (Modulatoren, Verstärker) sowie zweipolige Schaltelemente (z. B. Spannung als Eingangs- und Strom als Ausgangssignal) darstellen. Sie werden vorzugsweise durch die Abhängigkeit des Ausgangssignals vom Eingangssignal sowie durch allgemeine Klassenmerkmale und Strukturparameter beschrieben. Die Analyse oder Synthese hinsichtlich der Bauelemente oder elementarer Baugruppen (Widerstände, Blindschaltelemente, Übertrager, Leitungen, Verstärkerbausteine) wird nicht behandelt. Diese Aufgaben löst z. B. die Netzwerktheorie für gewisse Teilsysteme als Aufbauelemente größerer Systeme (s. z. B. [11, 12, 13, 14]).

1.2.1. *Voraussetzungen und Grundbegriffe*

Eindeutigkeit. Der Zusammenhang zwischen Ausgangs- und Eingangssignal kann mathematisch durch eine Operation modelliert werden. Diese Operation soll für ein durch sie charakterisiertes System eine *eindeutige* Abhängigkeit der Ausgangssignale von den Eingangssignalen beschreiben. Daß zugleich auch das Umgekehrte gilt (eineindeutige Abhängigkeit), kann nicht immer vorausgesetzt werden.

Abb. 1.22. System mit Ein- und Ausgangssignal

Transformierbarkeit. Eingangs- und Ausgangssignale sollen als fouriertransformierbar vorausgesetzt werden.

Abb. 1.22 zeigt die zeichnerische Darstellung eines Systems mit dem Eingangssignal $u_1(t) \circ\!\!-\!\!\bullet\, U_1(f)$ und dem Ausgangssignal $u_2(t) \circ\!\!-\!\!\bullet\, U_2(f)$.

Die von einem System bewirkte Operation kann somit mit dem allgemeinen Operationssymbol Op { } wahlweise (mit gleicher Aussagekraft, jedoch i. a. unterschiedlich zweckmäßiger Handhabung) im Zeitbereich (Op_t\{ \}) oder im Frequenzbereich (Op_f \{ \}) angegeben werden:

$$\begin{aligned} u_2(t) &= \mathrm{Op}_t\,\{u_1(t)\}\,, \\ U_2(f) &= \mathrm{Op}_f\,\{U_1(f)\}\,. \end{aligned} \tag{1.104}$$

Linearität. Ein System ist linear, wenn der Überlagerungssatz gilt (Additivität):

$$\begin{Vmatrix} \mathrm{Op}_t\,\{u_{11}(t) + u_{12}(t)\} = \mathrm{Op}_t\,\{u_{11}(t)\} + \mathrm{Op}_t\,\{u_{12}(t)\}, \\ \mathrm{Op}_f\,\{U_{11}(f) + U_{12}(f)\} = \mathrm{Op}_f\,\{U_{11}(f)\} + \mathrm{Op}_f\,\{U_{12}(f)\}, \end{Vmatrix}$$

und die Bedingung der Homogenität erfüllt ist:

$$\mathrm{Op}_t\,\{k u_1(t)\} = k\,\mathrm{Op}_t\,\{u_1(t)\},$$
$$\mathrm{Op}_f\,\{k U_1(f)\} = k\,\mathrm{Op}_f\,\{U_1(f)\},$$

wobei $k = \text{const.}$ Allgemein gilt somit

$$\begin{aligned} \mathrm{Op}_t\left\{\sum_\nu k_\nu u_{1,\nu}(t)\right\} &= \sum_\nu k_\nu \mathrm{Op}_t\,\{u_{1,\nu}(t)\}, \\ \mathrm{Op}_f\left\{\sum_\nu k_\nu U_{1,\nu}(f)\right\} &= \sum_\nu k_\nu \mathrm{Op}_f\,\{U_{1,\nu}(f)\}. \end{aligned} \tag{1.105}$$

Eine praktische Konsequenz ist das Prinzip, Eingangssignale additiv zu zerlegen, um einfachere Summanden zu gewinnen, die getrennt der Operation unterworfen werden können, und aus den Einzelergebnissen durch Addition das Ausgangssignal zu bilden. Daraus resultiert auch der Vorteil der speziellen additiven Zerlegung in infinitesimal kleine Summanden mittels FOURIER-Transformation (hier als erlaubt vorausgesetzt).

In der Realität ist Linearität nur näherungsweise möglich. Ein realer Widerstand z. B. ist temperaturabhängig, und damit gilt das lineare OHMsche Gesetz nur unter Vernachlässigung der Stromwärme. Strom und Spannung sind für jedes Schaltelement begrenzt (im Extremfall findet eine Zerstörung statt). Das Modell des linearen Systems kann also nur als zulässige Idealisierung angewendet werden, wenn es die *wesentlichen* Zusammenhänge richtig widerspiegelt. Auch typisch nichtlineare Schaltelemente, wie z. B. Dioden, können jedoch in einer Schaltung eingesetzt werden (etwa in einem Modulator oder in einem Abtastsystem), die bei betriebsmäßiger

Aussteuerung bezüglich Eingang und Ausgang im wesentlichen eine lineare Operation realisiert.

Zeitinvarianz. Ein System ist zeitinvariant, wenn eine *zeitliche* Verschiebung des Eingangssignals sich nur in der gleichen zeitlichen Verschiebung des Ausgangssignals äußert, d. h., für

$$\mathrm{Op}_t\,\{u_1(t)\} = u_2(t) \tag{1.106}$$

gilt

$$\| \;\mathrm{Op}_t\,\{u_1(t-t_0)\} = u_2(t-t_0).$$

Diese Beziehung kann auch im Frequenzbereich formuliert werden:

$$\mathrm{Op}_f\,\{U_1(f)\,\mathrm{e}^{-j2\pi t_0 f}\} = [\mathrm{Op}_f\,\{U_1(f)\}]\,\mathrm{e}^{-j2\pi t_0 f}. \tag{1.107}$$

Zeitinvariant sind z. B. Netzwerke für kontinuierliche Signale, die aus Widerständen und Blindschaltelementen, einschließlich Übertragern, also aus passiven Schaltelementen zusammengesetzt sind. Verstärker und nichtlineare Systeme sind zeitinvariant, wenn sie nur vom Eingangssignal ausgesteuert werden. Bei zeitabhängigen Parametern, die z. B. von einem unabhängigen weiteren Signal, etwa einem Taktsignal, gesteuert werden, liegen keine zeitinvarianten Systeme vor. Auch die Zeitinvarianz ist eine Idealisierung, die in der Realität streng nicht gegeben ist, weil stets zusätzliche Größen additiv und multiplikativ einwirken (Störungen, Temperatur, Alterung).

Übertragungsfunktion. Als lineare Operation eines zeitinvarianten Systems, die im Frequenzbereich hinsichtlich einer Multiplikation mit einem frequenzabhängigen Faktor assoziativ ist, wie Gl. 1.107 verlangt, kommt die Multiplikation (mit einem i. a. frequenzabhängigen Faktor) in Frage. Für ein lineares zeitinvariantes System gilt

$$\| \;U_2(f) = G(f)\,U_1(f). \tag{1.108}$$

$G(f)$ wird als *Übertragungsfunktion* oder *Übertragungsfaktor*, auch als *Frequenzgang* bezeichnet. Die Übertragungsfunktion soll als fouriertransformierbar vorausgesetzt werden. Sie ist dimensionslos, wenn $U_1(f)$ und $U_2(f)$ die gleiche Dimension haben.

Anmerkung. Außer der zeitlichen Verschiebung wirken sich auch z. B. Integration und Differentiation einer Zeitfunktion im Frequenzbereich multiplikativ aus. Da die Multiplikation kommutativ und assoziativ ist, d. h. $G(f) \cdot [X(f) \cdot U_1(f)] = X(f) \cdot [G(f) \cdot U_1(f)]$, gilt für zeitinvariante lineare Systeme der Satz:

‖ Die Integrierte (Differenzierte) der Eingangszeitfunktion $u_1(t)$ verursacht die Integrierte (Differenzierte) der Ausgangszeitfunktion $u_2(t)$.

Gewichtsfunktion. Aus Gl. 1.108 ergibt sich durch Fourier-Transformation (Anwendung des Faltungssatzes, $G(f)$ als transformierbar vorausgesetzt)

$$\| \; u_2(t) = g(t) * u_1(t). \tag{1.109}$$

$g(t)$ ist die *Gewichtsfunktion* eines Systems. Im Zeitbereich sind Ausgangs- und Eingangssignal eines linearen zeitinvarianten Systems also über die lineare Operation Faltung verknüpft. Die Faltung ist kommutativ wie die Multiplikation, d. h. $g(t) * u_1(t) = u_1(t) * g(t)$. Gewichtsfunktion und Übertragungsfaktor sind gegenseitige Fourier-Transformierte:

$$\| \; g(t) \circ\!\!-\!\!\bullet\, G(f). \tag{1.110}$$

Aus dem Fourier-Integral ergibt sich die Dimension der Gewichtsfunktion zu $(\text{Zeit})^{-1}$, wenn $G(f)$ dimensionslos ist.

Frequenzinvarianz. In Analogie zur Zeitinvarianz soll ein System frequenzinvariant heißen, wenn eine frequenzmäßige Verschiebung des Eingangssignals sich nur in der gleichen frequenzmäßigen Verschiebung des Ausgangssignals äußert, d. h. für

$$\mathrm{Op}_f\,\{U_1(f)\} = U_2(f)$$

gilt

$$\| \; \mathrm{Op}_f \{U_1(f - f_0)\} = U_2(f - f_0). \qquad (1.111)$$

Diese Beziehung lautet im Zeitbereich

$$\mathrm{Op}_t \{u_1(t) \cdot e^{+j2\pi f_0 t}\} = [\mathrm{Op}_t \{u_1(t)\}] \, e^{+j2\pi f_0 t}. \qquad (1.112)$$

Der Begriff „Frequenzinvarianz" ist in der Fachliteratur nicht gebräuchlich, er wird hier eingeführt, um die Analogie von Operationen im Zeit- und Frequenzbereich hervorzuheben. Frequenzinvariante lineare Systeme sind z. B. Modulatoren, Abtastschaltungen, Torschaltungen, bei denen keine zusätzliche spektrale Formung im Signalweg, etwa durch Blindschaltelemente, wirksam ist. Da in der Realität stets parasitäre Blindschaltelemente vorhanden sind, können frequenzinvariante Systeme nur in einem beschränkten Frequenzbereich näherungsweise realisiert werden.

Zeitinvariante Systeme einerseits und frequenzinvariante Systeme andererseits sind Sonderfälle allgemeiner zeitvariabler (und frequenzvariabler) Systeme, auf deren Beschreibung hier jedoch verzichtet wird (Grundlagen s. z. B. [1,10]).

Modulationsfunktion frequenzinvarianter Systeme. Gl. 1.112 verlangt wiederum eine Operation, die assoziativ hinsichtlich der Multiplikation ist. Unter der Bedingung der Linearität ergibt sich wie im Anschluß an Gl. 1.107 die Multiplikation, diesmal mit einem *zeit*abhängigen Faktor als Systemoperation:

$$\| \; u_2(t) = m(t) \cdot u_1(t). \qquad (1.113)$$

$m(t)$ soll als *Modulationsfunktion* bezeichnet werden, da die Multiplikation im Zeitbereich das Grundelement der Amplitudenmodulation ist. Die Modulationsfunktion ist dimensionslos, wenn $u_1(t)$ und $u_2(t)$ die gleiche Dimension haben.

Spektrale Gewichtsfunktion. Die Anwendung des Faltungssatzes auf Gl. 1.113 ergibt

$$\| \; U_2(f) = M(f) * U_1(f). \qquad (1.114)$$

In Ermangelung eines feststehenden gebräuchlichen Begriffes wird $M(f)$ spektrale Gewichtsfunktion genannt.

$M(f)$ entspricht der zeitlichen Gewichtsfunktion $g(t)$ beim zeitinvarianten System, die schlechthin Gewichtsfunktion heißt, so wie die Modulationsfunktion $m(t)$ der Übertragungsfunktion $G(f)$ entspricht und damit eine „zeitliche Übertragungsfunktion" darstellt. $M(f)$ hat die Dimension Zeit, wenn $m(t)$ dimensionslos ist.

Stabilität. Ein lineares System heißt stabil, wenn bei amplitudenmäßig begrenztem Eingangssignal auch das Ausgangssignal amplitudenbegrenzt ist, d. h.

$$\text{für} \quad |u_1(t)| < \infty \quad \text{gilt} \quad |u_2(t)| < \infty, \tag{1.115a}$$

$$\text{für} \quad |U_1(f)| < \infty \quad \text{gilt} \quad |U_2(f)| < \infty. \tag{1.115b}$$

Beide Bedingungen müssen erfüllt sein. Für das zeitinvariante System ist hinreichend und notwendig

$$\left\| \int_{-\infty}^{+\infty} |g(t)| \, dt < \infty. \right. \tag{1.116}$$

Systeme aus realen passiven Schalt- und Übertragungselementen sind stets stabil.

Beziehung 1.116 ergibt sich aus Forderung 1.115a gemäß

$$|u_2(t)| = \left| \int_{-\infty}^{+\infty} u_1(t-\tau)\, g(\tau)\, d\tau \right| \leqq \int_{-\infty}^{+\infty} |u_1(t-\tau)| \cdot |g(\tau)| \, d\tau$$

$\leqq \text{const} \int_{-\infty}^{+\infty} |g(\tau)| \, d\tau$. Für 1.115b ist hinreichend und notwendig $|G(f)| < \infty$. Da Beziehung 1.116 hinreichend für $|G(f)| < \infty$ ist, genügt sie als Stabilitätsbedingung für zeitinvariante Systeme. Die Bedingung $|G(f)| < \infty$ allein ist zwar notwendig aber nicht hinreichend für Stabilität.

Für das frequenzinvariante System erhält man in gleicher Weise als hinreichende und notwendige Stabilitätsbedingung

$$\left\| \int_{-\infty}^{+\infty} |M(f)| \, df < \infty. \right. \tag{1.117}$$

Beispiele.

1. Ein System mit der rechteckförmigen Übertragungsfunktion

$$G(f) = \begin{cases} 1 & \text{für} \quad |f| \leqq B/2 \\ 0 & \text{sonst} \end{cases} \quad \text{(idealer Tiefpaß)}$$

hat die Gewichtsfunktion

$$g(t) = B \,\mathrm{si}\,(\pi B t),$$

für die Beziehung 1.116 nicht erfüllt. Das System ist gemäß Definition nicht stabil. Die in Abb. 1.23 skizzierte Zeitfunktion (Rechteckschwingung der Frequenz $B/2$ mit Phasensprung bei $t = 0$) erzeugt als amplitudenbegrenztes Eingangssignal die Ausgangsamplitude Unendlich bei $t = 0$.

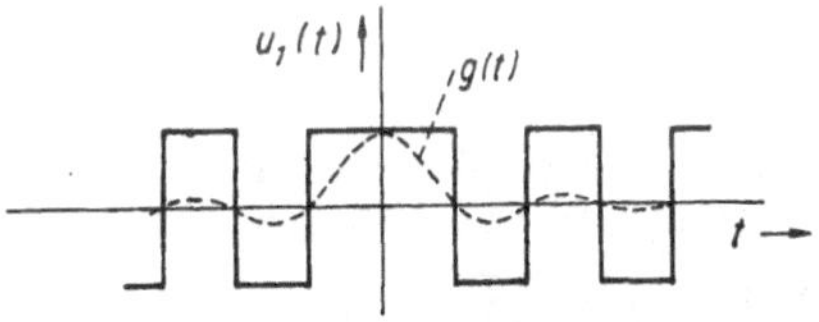

Abb. 1.23. Zur Demonstration der Instabilität des idealen Tiefpasses

2. Ein frequenzinvariantes System, das die Abtastung im systemtheoretischen Sinne realisiert, hat die Modulationsfunktion

$$m(t) = \sum_{m=-\infty}^{+\infty} \delta(t - m t_p)$$

und die spektrale Gewichtsfunktion

$$M(f) = f_0 \sum_{\mu=-\infty}^{+\infty} \delta(f - \mu f_0).$$

Das System ist nicht stabil.

Man erkennt daraus, daß gewisse Idealisierungen, die nützliche Modelle bilden, im strengen Sinne keine stabilen Systeme darstellen. (Reine Reaktanzschaltungen gehören auch dazu. Da es sich in diesen Fällen nicht um gravierende Instabilitäten handelt, kann man auch von *Labilität* sprechen.) Damit ist auch bereits angezeigt, daß solche Systeme nur näherungsweise realisiert werden können.

Kausalität. In der Realität kann die Wirkung zeitlich nie vor der Ursache eintreten. Diese Tatsache wird als

Kausalität bezeichnet. Für kausale Systeme gilt:

$$\begin{array}{lll} \text{aus} & u_1(t) \equiv 0 \quad \text{für} \quad t < 0 \\ \text{folgt} & u_2(t) \equiv 0 \quad \text{für} \quad t < 0. \end{array} \tag{1.118}$$

Solche Zeitfunktionen werden daher oft kausal genannt, sie sind laplacetransformierbar, da FOURIER-Transformierbarkeit vorausgesetzt wurde.

Zeitinvariante Systeme sind kausal, wenn gilt (hinreichend und notwendig)

$$\| \; g(t) \equiv 0 \quad \text{für} \quad t < 0. \tag{1.119}$$

Bei kausalen Systemen sind somit LAPLACE- und HILBERT-Transformation geeignete Hilfsmittel zur mathematischen Beschreibung.

Beispiel. Das zeitinvariante System mit rechteckförmiger Übertragungsfunktion (idealer Tiefpaß) ist akausal, da

$$g(t) = B \operatorname{si}(\pi B t) \not\equiv 0 \quad \text{für} \quad t < 0.$$

Bei frequenzinvarianten Systemen ist die Kausalitätsbedingung 1.118 stets erfüllt.

Testsignale für lineare Systeme. Zur eindeutigen Beschreibung linearer Systeme im Sinne der Systemtheorie genügen, wie bereits gezeigt

bei zeitinvarianten Systemen:	bei frequenzinvarianten Systemen:
Gewichtsfunktion oder Übertragungsfunktion $g(t) \circ\!\!-\!\!\bullet G(f)$	Modulations- oder spektrale Gewichtsfunktion $m(t) \circ\!\!-\!\!\bullet M(f)$

Sie verknüpfen Eingangs- und Ausgangssignal gemäß

$u_2(t) = u_1(t) * g(t)$	$u_2(t) = u_1(t) \cdot m(t)$
$U_2(f) = U_1(f) \cdot G(f)$	$U_2(f) = U_1(f) * M(f)$

Eingangssignale sind *Testsignale*, wenn aus den zugehörigen Ausgangssignalen Systemcharakteristiken punktweise oder komplett ermittelt werden können. Sehr gut eignet sich der Stoß als Testsignal im Zeit- und Frequenzbereich.

$$\begin{aligned} u_2(t) &= c\delta(t) * g(t) \\ &= c \cdot g(t) \\ U_2(f) &= C\delta(f - f_0)\, G(f) \\ &= C \cdot G(f_0)\, \delta(f - f_0) \end{aligned} \qquad \begin{aligned} u_2(t) &= c \cdot \delta(t - t_0) \\ &\times m(t) = c \cdot m(t_0) \\ &\times \delta(t - t_0) \\ U_2(f) &= C \cdot \delta(f) * M(f) \\ &= C \cdot M(f) \end{aligned} \quad (1.120)$$

Anwendung in der Meßtechnik. Die einmalige Beaufschlagung des zeitinvarianten Systems mit einem hinreichend kurzzeitigen Impuls als Näherung für einen Stoß (Breitbandsignal) macht die komplette Gewichtsfunktion in Form des Ausgangssignals unmittelbar ablesbar (z. B. durch oszillografische Aufzeichnung). Die Gewichtsfunktion wird daher auch als *Impulsantwort* oder *Stoßantwort* bezeichnet.

Beachte: Die Systemcharakteristik $g(t)$ hat die Dimension $(\text{Zeit})^{-1}$, wenn $G(f)$ dimensionslos ist, dagegen hat die Antwort auf einen Stoß (das Ausgangssignal) unter den gleichen Voraussetzungen die Dimension des Eingangssignals.

Der kurzzeitige Impuls als praktisches Testsignal ist wegen der i. a. begrenzten Aussteuerungsfähigkeit des Systems oft nicht geeignet. Als Testsignal wird daher häufig auch der Sprung im Zeitbereich verwendet, d. h. an die Stelle der Stoßantwort tritt die *Sprungantwort* $h(t)$ als Systemcharakteristik, in der Regelungstechnik als *Übergangsfunktion* bezeichnet. Es gelten die Zusammenhänge

$$u_2(t) = h(t) = s(t) * g(t) = \int_{-\infty}^{t} g(\tau)\, d\tau \qquad (1.121)$$

bzw.

$$g(t) = \frac{dh(t)}{dt}. \qquad (1.122)$$

Die Verwendung eines Stoßes im Frequenzbereich als Testsignal kennzeichnet (idealisiert) die Sinusmeßtechnik.

Praktisch sind als Testsignale nur reelle Zeitfunktionen brauchbar; anstelle des Stoßes $C\,\delta(f - f_0)$ wird z. B. der Doppelstoß, entsprechend der Kosinusfunktion im Zeitbereich

$$u_1(t) = C \cos 2\pi f_0 t \circ\!\!-\!\!\bullet \frac{C}{2} [\delta(f - f_0) + (\delta f + f_0)] = U_1(f)$$

verwendet. Man erhält

$$U_2(f) = U_1(f) \cdot G(f) = \frac{C}{2} [G(f_0)\,\delta f(- f_0) + G(-f_0) \times \delta(f + f_0)]$$

$$u_2(t) = \frac{C}{2} [G(f_0) \cdot e^{j2\pi f_0 t} + G(-f_0)\, e^{-j2\pi f_0 t}].$$

Mit $G(f_0) = |G(f_0)|\, e^{+j\varphi(f_0)}$, $G(-f_0) = G^*(f_0) = |G(f_0)| \times e^{-j\varphi(f_0)}$ entsteht

$$u_2(t) = \frac{C}{2} |G(f_0)| [e^{j2\pi f_0 t + \varphi(f_0)} + e^{-j2\pi f_0 t - \varphi(f_0)}]$$

$$= C\, |G(f_0)| \cos \big(2\pi f_0 t + \varphi(f_0)\big).$$

Zur meßtechnischen Ermittlung der Übertragungsfunktion an der Stelle $f = f_0$ gehören also Einrichtungen für die Amplituden- und Phasenmessung (Phasendifferenz zwischen Eingangs- und Ausgangssignal) sinusförmiger periodischer Signale.

Im Gegensatz zur vorher beschriebenen Breitbandmeßtechnik gilt somit: Die mehrmalige Beaufschlagung des zeitinvarianten Systems mit einem hinreichend langzeitigen sinusförmigen Zeitvorgang als Näherung für einen Doppelstoß im Frequenzbereich (Schmalbandsignal) gestattet die punktweise Ermittlung der Übertragungsfunktion. (Hierbei ist zwar der Zeitaufwand zur Ermittlung der Systemcharakteristik größer, dafür i. a. jedoch auch die Präzision.)

Entsprechend ist das frequenzinvariante System durch einen Stoß im Frequenzbereich bei $f = 0$, d. h. eine Gleichgröße komplett und durch zeitverschobene kurzzeitige Impulse punktweise meßtechnisch zu erfassen.

Beschreibung zeitinvarianter Systeme im Frequenzbereich. Aus historischen (und mathematischen) Gründen spielt die Beschreibung im Frequenzbereich eine besondere Rolle. Von der komplexen Übertragungsfunktion $G(f)$ als kompletter Systemcharakteristik im Frequenzbereich abgeleitet sind mit

$$G(f) = |G(f)|\ e^{j\varphi(t)} \tag{1.123}$$

|| Betragscharakteristik: $|G(f)|$,
|| Winkelcharakteristik: $\varphi(f)$.

Die Gewichtsfunktion $g(t)$ hat nur als reelle Zeitfunktion unmittelbare Bedeutung, $g(t)$ reell soll künftig stets vorausgesetzt werden. Damit gilt

$$|G(f)| = |G(-f)| \tag{1.124}$$

$$\varphi(f) \ = -\varphi(-f), \tag{1.125}$$

d. h. die Betragscharakertistik ist eine gerade, die Winkelcharakteristik eine ungerade Frequenzfunktion.

Gl. 1.125 enthält zugleich eine Festlegung zur Auswahl einer der um Vielfache von 2π mehrdeutigen Winkelfunktion. Aus Plausibilitätsgründen soll $\varphi(0) = 0$ gelten.

Beachte auch: Realteil von $G(f)$ gerade, Imaginärteil von $G(f)$ ungerade Frequenzfunktion.

Aus der klassischen Netzwerktheorie stammt folgende Darstellung:

$$G(f) = e^{-(a+jb)} \tag{1.126}$$

mit den Parametern

|| Dämpfungsmaß (Dämpfungscharakteristik) $a(f)$,
|| Phasenmaß (Winkelcharakteristik) $b(f)$,

$$\text{wobei}\quad a(f) = -\ln|G(f)|, \tag{1.127}$$

$$b(f) = -\varphi(f) \tag{1.128}$$

und die Dämpfung a in Neper (N) angegeben wird. In der modernen Literatur wird meist mit der Dämpfung in Dezibel (dB) gerechnet:

$$a_{\mathrm{dB}}(f) = -20\lg |G(f)|. \tag{1.129}$$

Von der Phasencharakteristik abgeleitet sind die Funktionen

$$\text{Phasenlaufzeit} \quad t_{ph}(f) = \frac{1}{2\pi}\,\frac{b(f)}{f}, \tag{1.130}$$

$$\text{Gruppenlaufzeit} \quad t_{gr}(f) = \frac{\mathrm{d}b(f)}{\mathrm{d}(2\pi f)}. \tag{1.131}$$

Für $|G(f)| = 1$ erzeugt ein System mit frequenzabhängiger Phasenlaufzeit $t_{ph}(f) = t_0$, d. h. frequenzproportionalem Winkel $b(f) = 2\pi t_0 f$, eine Ausgangszeitfunktion, die gegenüber der Eingangszeitfunktion lediglich zeitlich um t_0 verschoben ist (s. Verschiebungssatz). Ein solches System heißt auch *verzerrungsfrei*.

$$\begin{aligned} &\circ\; U_2(f) = U_1(f)\,\mathrm{e}^{-j2\pi t_0 f} \\ &\bullet\; u_2(t) = u_1(t - t_0). \end{aligned} \tag{1.111}$$

In diesem Fall sind Phasenlaufzeit und Gruppenlaufzeit identisch. Für beliebige Übertragungsfunktionen ist die Phasenlaufzeit nur in Form der (um Vielfache von 2π unsicheren) zeitlichen Verschiebung sinusförmiger periodischer Ein- und Ausgangssignale in Abhängigkeit von der Frequenz deutbar. Die Gruppenlaufzeit tritt als zeitliche Verschiebung der Hüllkurve eines geträgerten Signals mit kleiner relativer Bandbreite in Erscheinung (vgl. Idealer Bandpaß S. 65)

1.2.2. Idealisierte zeitinvariante Systeme

Lineare Systeme dienen allgemein der Übertragung oder Formung von Signalen gemäß vorgegebenen Forderungen, die im Zeit- oder Frequenzbereich formuliert sind und aus technischen Bedingungen der Übertragung oder sonstigen Verarbeitung von Signalen resultieren. Charakteristisch ist für die technische Realisierung, daß das zeitinvariante System im Gegensatz zum frequenzinvarianten nur vom Eingangssignal ausgesteuert wird, die signalformende Eigenschaft ist im System latent vorhanden, d. h. durch die feste „Verdrahtung" der Schaltelemente „gespeichert" und wird vom Eingangssignal „aufgerufen".

Beispiele: *Leitungen* (Übertragung von Signalen), *Filter* (Unterdrückung unerwünschter Frequenzbereiche z. B. zur frequenzmäßigen Schachtelung von Signalen oder Eliminierung von Störungen), *Entzerrer* (Rückgewinnung der Originalform eines Signals, das durch ein Übertragungselement verzerrt wurde. Die Entzerrungsforderung kann im Frequenz- oder Zeitbereich formuliert sein). *Impulsformende Systeme* (z. T. auch als Formfilter bezeichnet, Realisierung einer Forderung im Zeitbereich, z. B. Formung eines Rechtecksignals aus einem Stoß, Sonderfälle: Integration und Differentiation.)

Zum Studium der Eigenschaften charakteristischer Systeme werden unter Verzicht auf physikalische bzw. technische Realisierbarkeit Idealformen betrachtet. Sie sollen prinzipielle Zusammenhänge verdeutlichen. Diese Betrachtungsweise wurde von KÜPFMÜLLER in seinem grundlegenden Werk [15] eingeführt. Vorzugsweise wird auf ideale Filtercharakteristiken eingegangen, die durch Vernachlässigung der Kausalitätsbedingung gekennzeichnet sind.

Idealer Tiefpaß. System, das periodische sinusförmige Zeitfunktionen unterhalb einer Grenzfrequenz mit konstanter Dämpfung und Phasenlaufzeit „passieren" läßt (Durchlaßbereich) und oberhalb total sperrt (Sperrbereich).

Übertragungsfunktion:

$$G_{TP}(f) = \begin{cases} G_0 \, e^{-j2\pi t_0 f} & \text{für} \quad |f| \leqq B/2, \\ 0 & \text{sonst}. \end{cases} \tag{1.132}$$

Betragscharakteristik: $G(f) = \begin{cases} G_0 & \text{für } |f| \leqq B/2, \\ 0 & \text{sonst}, \end{cases}$

Winkelcharakteristik: $\varphi(f) = -2\pi t_0 f$,

Phasenlaufzeit: $t_{ph} = t_0$.

Gewichtsfunktion $g_{TP}(t) = G_0 B \operatorname{si} \pi B(t - t_0)$, (1.133)

Übergangsfunktion $h_{TP}(t) = G_0 \left[\frac{1}{\pi} \operatorname{Si} \pi B(t - t_0) + \frac{1}{2}\right]$, (1.134)

wobei $\operatorname{Si} x = \int_0^x \operatorname{si} \xi \, d\xi$ (Integralsinus).

(Vgl. Rechtecksignal Gl. 1.13, Abb. 1.6 und Verschiebungssatz Gl. 1.24.)

Der systemtheoretische Bandbreiteparameter B entspricht der doppelten Grenzfrequenz f_g als technische Kenngröße

$$B = 2f_g. \quad (1.135)$$

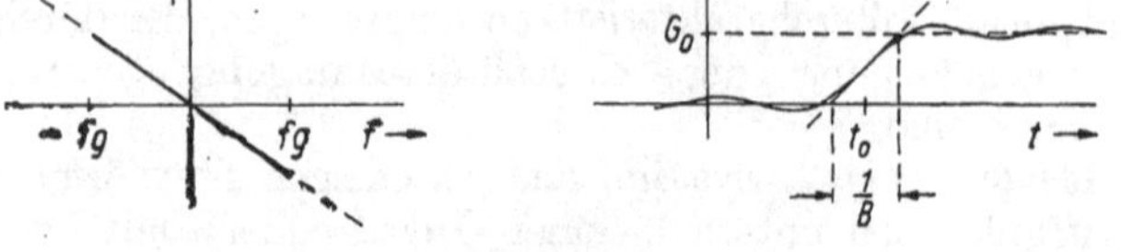

Abb. 1.24. Frequenz- und Zeitcharakteristiken des idealen Tiefpasses

Die Frequenz- und Zeitcharakteristiken sind in Abb. 1.24 skizziert. Entsprechend der sich von $-\infty$ bis $+\infty$ erstreckenden Gewichtsfunktion ist das System nicht kausal. Eine näherungsweise Realisierung ist mit entsprechend großer Laufzeit $t_0 \gg 1/B$ verknüpft.

Idealer Hochpaß. System, bei dem gegenüber dem idealen Tiefpaß Durchlaß- und Sperrbereich vertauscht sind.

Übertragungsfunktion:

$$G_{HP}(f) = \begin{cases} G_0 \, \mathrm{e}^{-j2\pi t_0 f} & \text{für } |f| > B/2, \\ 0 & \text{sonst}. \end{cases} \tag{1.136}$$

Diese Funktion läßt sich mit Hilfe von $G_{TP}(f)$ ausdrücken:

$$G_{HP}(f) = G_0 \, \mathrm{e}^{-j2\pi t_0 f} - G_{TP}(f).$$

Daraus folgen unmittelbar Gewichtsfunktion

$$g_{HP}(t) = G_0 \, \delta(t - t_0) - g_{TP}(t) \tag{1.137}$$

und als Integrierte die Übergangsfunktion

$$h_{HP}(t) = G_0 s(t - t_0) - h_{TP}(t). \tag{1.138}$$

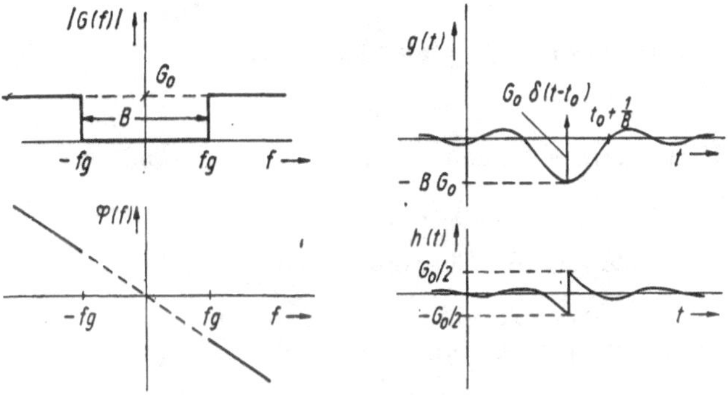

Abb. 1.25. Frequenz- und Zeitcharakteristiken des idealen Hochpasses

Abb. 1.25 zeigt die Charakteristiken des idealen Hochpasses.

Idealer Bandpaß. System mit Durchlaßbereich in der Umgebung einer Bandmittenfrequenz f_m.

Übertragungsfunktion:

$$G_{BP}(f) = \begin{cases} G_0\,\mathrm{e}^{-j2\pi t_0 f} & \text{für} \quad f_1 \leqq |f| \leqq f_2 \\ 0 & \text{sonst.} \end{cases} \tag{1.139}$$

Diese Funktion läßt sich ebenfalls mit Hilfe von $G_{TP}(f)$ ausdrücken:

$$G_{BP}(f) = G_{TP}(f - f_m)\,\mathrm{e}^{-j2\pi t_0 f_m}$$
$$+ G_{TP}(f + f_m)\,\mathrm{e}^{+j2\pi t_0 f_m}, \quad \text{wobei} \quad B = f_2 - f_1,$$
$$f_m = (f_1 + f_2)/2.$$

Mit dem Verschiebungssatz Gl. 1.24 ergibt sich die Gewichtsfunktion zu

$$g_{BP}(t) = 2g_{TP}(t)\cos 2\pi f_m(t - t_0). \tag{1.140}$$

Eine andere additive Zerlegung von $G_{BP}(f)$ lautet

$$G_{BP}(f) = G_{TP2}(f) - G_{TP1}(f) \quad \text{mit} \quad B_2 = 2f_2, B_1 = 2f_1,$$
$$t_{01} = t_{02},$$

und damit wird $g_{BP}(t)$ in anderer Form

$$g_{BP}(t) = g_{TP2}(t) - g_{TP1}(t).$$

Daraus entsteht unmittelbar die Übergangsfunktion

$$h_{BP}(t) = h_{TP2}(t) - h_{TP1}(t). \tag{1.141}$$

Abb. 1.26 zeigt die Charakteristiken.

In einer der Realität besser angepaßten Form lautet die Übertragungsfunktion des idealen Bandpasses

$$G_{BP_0}(f) = \begin{cases} G_0\,\mathrm{e}^{-j2\pi t_0(f - f_m)} & \text{für} \quad f_1 \leqq f \leqq f_2 \\ G_0\,\mathrm{e}^{-j2\pi t_0(f + f_m)} & \text{für} \quad -f_2 \leqq f \leqq -f_1 \\ 0 & \text{sonst,} \end{cases}$$

d. h., $\varphi(\pm f_m) = 0$. Dann gilt

$$G_{BP_0}(f) = G_{TP}(f - f_m) + G_{TP}(f + f_m),$$

d. h.,

$$g_{BP_0}(t) = 2g_{TP}(t) \cos 2\pi f_m t.$$

Gegenüber Gl. 1.140 hat sich die Hüllkurve nicht verändert, sondern nur die Phasenlage der eingeschriebenen Kosinusfunktion. Für die Zeitverschiebung der Hüllkurve ist die Gruppenlaufzeit maßgebend, die in beiden Fällen gleich ist.

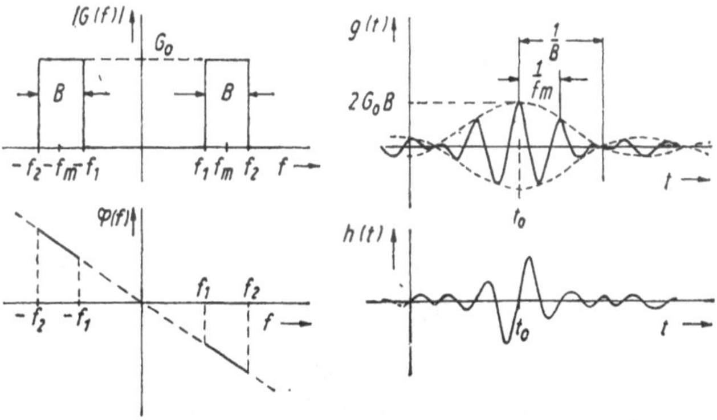

Abb. 1.26. Frequenz- und Zeitcharakteristiken des idealen Bandpasses

Sonderfall Schmalbandsystem. Bei einem Schmalbandsystem, gekennzeichnet durch $B \ll f_m$, kann jede Eingangsspektralfunktion, die im Durchlaßbereich des Bandpasses stetig ist, durch eine Konstante angenähert werden, d. h., die Hüllkurve des Ausgangssignals im Zeitbereich ist näherungsweise eine Spaltfunktion. Insbesondere gilt

$$H(f) \approx \frac{1}{j2\pi f_m} G_{TP}(f - f_m)\, e^{-j2\pi t_0 f_m} - \frac{1}{j2\pi f_m} \times G_{TP}(f + f_m)\, e^{-j2\pi t_0 f_m},$$

somit für die Übergangsfunktion

$$h(t) \approx \frac{1}{\pi f_m}\, g_{TP}(t) \sin [2\pi f_m(t - t_0)]. \qquad (1.142)$$

Gewichtsfunktion und Übergangsfunktion sind also hinsichtlich der Hüllkurvenform gleich, jedoch ist die Maximalamplitude im Falle der Übergangsfunktion entsprechend der mit der Frequenz abnehmenden Spektraldichte der Sprungfunktion umgekehrt proportional der Bandmittenfrequenz.

Ideale Bandsperre. System mit Sperrbereich in der Umgebung einer Mittenfrequenz f_m.

Übertragungsfunktion $$G_{BS}(f) = \begin{cases} 0 & \text{für } f_1 \leqq |f| \leqq f_2 \\ G_0\, e^{-j2\pi t_0 f} & \text{sonst.} \end{cases} \quad (1.143)$$

Durch $G_{BP}(f)$ ausgedrückt, gilt

$$G_{BS}(f) = G_0\, e^{-j2\pi t_0 f} - G_{BP}(f),$$

somit

$$g_{BS}(t) = G_0 \delta(t - t_0) - g_{BP}(t), \quad (1.144)$$

$$h_{BS}(t) = G_0 s(t - t_0) - h_{BP}(t). \quad (1.145)$$

Kosinusquadrat-Tiefpaß. Tiefpaß mit Betragscharakteristik entsprechend einer quadrierten Kosinushalbwelle im Durchlaßbereich und unendlicher Dämpfung im gesamten Sperrbereich.

Übertragungsfunktion

$$G(f) = \begin{cases} G_0 \cos^2\left(\pi \dfrac{f}{2B}\right) e^{-j2\pi t_0 f} & \text{für } |f| \leqq B \\ 0 & \text{sonst} \end{cases} \quad (1.146)$$

(vgl. auch aperiodisches Kosinusquadratsignal Gl. 1.16).

Gewichtsfunktion $$g(t) = G_0 B \frac{\text{si}\,[\pi 2B(t - t_0)]}{1 - [2B(t - t_0)]^2} \quad (1.147)$$

(Kurvenverlauf s. Abb. 1.8).

Gegenüber dem idealen Tiefpaß zeigt die Stoßantwort als Folge des stetigen Übergangs der Betragscharakteristik vom Durchlaß- in den Sperrbereich geringeres Überschwingen.

Spektrale Halbwertsbreite: $B_H = B$,
6-dB-Grenzfrequenz: $f_H = B/2$ (vgl. Abb. 1.8).

Gauß-Tiefpaß. Tiefpaß mit glockenförmiger Betragscharakteristik:

$$\text{Übertragungsfunktion } G(f) = G_0 \, e^{-\pi\left(\frac{f}{B}\right)^2} e^{-j2\pi t_0 f}, \quad (1.148)$$

$$\text{Gewichtsfunktion } g(t) = G_0 B \, e^{-\pi\left(\frac{t-t_0}{T}\right)^2}, \; T = \frac{1}{B} \quad (1.149)$$

(vgl. GAUSS-Signal Gl. 1.14).
Spektrale Rechteckbreite: $B_R = B$,
Rechteckbreite im Zeitbereich: $T_R = T$.
Somit gilt

$$BT = 1 .$$

Bei der Rechteckgrenzfrequenz $f_R = B/2$ gilt

$$G(f_R) = G_0 \, e^{-\pi/4} \approx 0{,}46 G_0$$

entsprechend einem Abfall von etwa 6,8 dB gegenüber dem Maximum bei $f = 0$.
Dämpfungscharakteristik $a_{\mathrm{dB}}(f) = 6{,}8 (f/f_R)^2$ dB.

Übergangsfunktion

$$h(t) = \frac{1}{2} G_0 \left[\operatorname{erf}\left(\sqrt{\pi} \cdot \frac{t - t_0}{T}\right) + 1\right], \quad [(1.150)$$

$$\text{wobei } \operatorname{erf} x = \frac{2}{\sqrt{\pi}} \int^{x} e^{-y^2} \, dy .$$

Gl. 1.150 folgt aus $h(t) = \int_{-\infty}^{t} g(\tau) \, d\tau$.

Häufig wird in der Literatur auch die 6-dB-Grenzfrequenz f_H als Bandbreitenparameter gewählt, dann gilt

$G(f) = G_0 \, e^{-(\ln 2)\left(\frac{f}{f_H}\right)^2}$ (zur Vereinfachung wird $t_0 = 0$ gewählt),

$$a_{\mathrm{dB}}(f) = 6(f/f_H)^2\,\mathrm{dB},$$

$$g(t) = G_0 \sqrt{\frac{\pi}{\ln 2}} \cdot f_H \,\mathrm{e}^{-\frac{\pi^2}{\ln 2}(f_H t)^2}$$

bzw. mit $t_H = \frac{\ln 2}{\pi} \cdot \frac{1}{f_H} = 0{,}22\; 1/f_H$,

$$g(t) = \sqrt{\frac{\ln 2}{\pi}} \cdot \frac{1}{t_H} \cdot \mathrm{e}^{-(\ln 2)\left(\frac{t}{t_H}\right)^2}.$$

Mit $B_H = 2f_H$, $T_H = 2t_H$ gilt

$$B_H T_H = 0{,}88 \approx 1,$$

wie Beziehung 1.38 behauptet.

Die Gewichtsfunktion ist eine vom Maximum symmetrisch nach beiden Seiten monoton asymptotisch nach Null abfallende Funktion. Daher ist die Übergangsfunktion als Integrierte ebenfalls monoton mit ungerader Symmetrie, die sich für $t \to -\infty$ asymptotisch dem Wert Null und für $t \to +\infty$ asymptotisch dem Wert G_0 nähert.

Kettenschaltung von Gauß-Tiefpässen. Zwei Gauss-Tiefpässe $G_1(f) = G_{01}\,\mathrm{e}^{-\pi(f/B_1)^2}$, $G_2(f) = G_{02}\,\mathrm{e}^{-\pi(f/B_2)^2}$ ergeben ein System mit

$$G(f) = G_1(f) \cdot G_2(f) = G_{01}G_{02}\,\mathrm{e}^{-\pi[(f/B_1)^2 + (f/B_2)^2]} = G_0\,\mathrm{e}^{-\pi(f/B)^2}.$$

Die Kettenschaltung zweier Gauss-Tiefpässe ergibt wieder einen Gauss-Tiefpaß mit der Bandbreite B gemäß

$$B^2 = \frac{B_1^2 \cdot B_2^2}{B_1^2 + B_2^2}. \tag{1.151}$$

Für $B_1 < 0{,}2B_2$ gilt praktisch $B \approx B_1$ mit einem Fehler $< 4\%$, für $B_1 = B_2$ gilt $B = B_1/\sqrt{2}$.

Da ein Gauss-Signal als Stoßantwort eines Gauss-Tiefpasses aufgefaßt werden kann, ergibt sich auch:

Die Antwort eines Gauss-Tiefpasses auf ein Gauss-Signal ist wieder ein Gauss-Signal.

Wegen folgender Vorteile werden der GAUSS-Tiefpaß und das GAUSS-Signal oft zu theoretischen Abschätzungen in der Technik verwendet:

1. Überschwingfreies rasches Verschwinden der GAUSS-Signale zu beiden Seiten des Maximums (Zeit- und Frequenzbereich).
2. Einfache mathematische Zusammenhänge (Selbstreziprozität von Zeit- und Frequenzfunktion).
3. Einfache näherungsweise Realisierbarkeit.

Verallgemeinerte Filter mit frequenzproportionaler Phase. Es sei eine allgemeine Tiefpaßcharakteristik mit der reellen Übertragungsfunktion $G_e(f)$ gegeben. (Da die Auswirkung einer konstanten Phasenlaufzeit nachträglich jederzeit berücksichtigt werden kann, wird der Übersichtlichkeit halber $t_{ph} = t_0 = 0$ angenommen.) $G_e(f)$ soll beiderseits vom Maximum monoton verschwinden, so daß die Näherung Beziehung 1.24 zwischen Halbwertsbreite im Frequenz- und Zeitbereich $B_H T_H \approx 1$ gültig ist. Zur Vereinfachung gelte weiterhin $G_e(0) = 1$. Mit dieser Elementarfunktion sind folgende pauschale Aussagen in Abhängigkeit von der systemtheoretischen Bandbreite B_H bzw. der 6-dB-Grenzfrequenz $f_H = B_H/2$ möglich:

1. Gewichtsfunktion (Stoßantwort): Maximalamplitude $g_{e\,\max}$ näherungsweise gleich der Bandbreite B_H:

$$g_{e\,\max} \approx B_H. \tag{1.152}$$

Halbwertsbreite näherungsweise gleich reziproker Bandbreite bzw. reziproker Maximalamplitude:

$$T_H \approx 1/B_H \quad \text{(vgl. Beziehung 1.38)}.$$

2. Übergangsfunktion (Sprungantwort): Anstiegszeit t_a, definiert durch die beiden Punkte mit halber Steigung gegenüber der maximalen:

$$t_a \approx 1/B_H. \tag{1.153}$$

3. Antwort $u_2(t)$ auf monotonen Eingangsimpuls $u_1(t)$ mit Halbwertsbreite T_{H1} und Impulsmoment c mit

$$c = \int_{-\infty}^{+\infty} u_1(t)\,\mathrm{d}t \approx u_{1\,\max} \cdot T_{H1}.$$

Fall 1: $T_{H1} \ll 1/B_H$, $\left(T_{H1} < \frac{0{,}2}{B_H}\right)$

$$u_{2\,\max} \approx u_{1\,\max} \cdot T_{H1} \cdot B_H,$$

$$T_{H2} \overset{(>)}{\approx} 1/B_H. \qquad (1.154)$$

Begründung: Das Eingangssignal wirkt näherungsweise wie ein Stoß mit dem Stoßintegral c auf das System.

Fall 2: $T_{H1} \gg 1/B_H$, $(T_{H1} > 5/B_H)$,

$$\begin{aligned} u_{2\,\max} &\overset{(<)}{\approx} u_{1\,\max}, \\ T_{H2} &\overset{(>)}{\approx} T_{H1}. \end{aligned} \qquad (1.155)$$

Anstiegszeit (Vorder- oder Rückflanke):

$$t_a \overset{(>)}{\approx} 1/B_H. \qquad (1.156)$$

Begründung: Infolge der großen Impulsdauer wird der Impuls bis auf die Verschleifung steiler Flanken nahezu unverändert übertragen.

Abb. 1.27 zeigt die Zusammenhänge.

Die Näherungen gelten für Tiefpässe ähnlich dem GAUSS-Tiefpaß, aber auch als Faustformeln für realisierbare Systeme. Aus dem vorgegebenen Tiefpaß lassen sich, wie bereits am Beispiel des idealen Tiefpasses mit rechteckförmiger Betragscharakteristik gezeigt, die Charakteristiken eines daraus abgeleiteten Hochpasses, Bandpasses und einer Bandsperre einfach ermitteln.

Hochpaß

$$\begin{aligned} G(f) &= 1 - G_e(f), \\ g(t) &= \delta(t) - g_e(t), \\ h(t) &= s(t) - h_e(t). \end{aligned} \qquad (1.157)$$

Bandpaß

$$G(f) = G_{e2}(f) - G_{e1}(f), \; B_{H1} < B_{H2},$$
$$g(t) = g_{e2}(t) - g_{e1}(t), \qquad (1.158)$$
$$h(t) = h_{e2}(t) - h_{e1}(t).$$

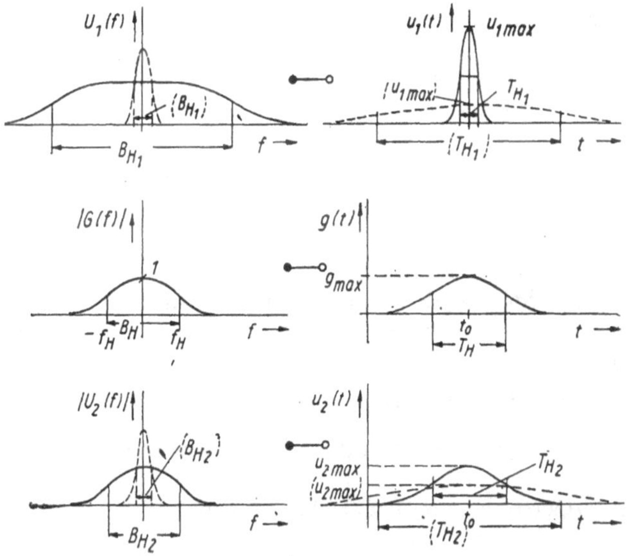

Abb. 1.27. Übertragungsverhalten von Tiefpaßfiltern mit frequenzproportionaler Phase

Eine andere Darstellung (nur in Sonderfällen identisch mit obengenannter) ist besonders für Schmalbandsysteme (Bandbreite klein gegen Bandmittenfrequenz) geeignet:

$$G(f) = G_e(f - f_m) + G_e(f + f_m),$$
$$g(t) = 2g_e(t) \cos(2\pi f_m t), \qquad (1.159)$$
$$h(t) \approx \frac{1}{\pi f_m} g_e(t) \sin(2\pi f_m t) \text{ für } f_m \gg B_H.$$

Bandsperre

$$\begin{aligned} G(f) &= 1 - G_{e2}(f) + G_{e1}(f), \ B_{H1} < B_{H2}, \\ g(t) &= \delta(t) - g_{e2}(t) + g_{e1}(t), \\ h(t) &= s(t) - h_{e2}(t) + h_{e1}(t), \end{aligned} \tag{1.160}$$

oder (besonders für schmale Bandsperren)

$$\begin{aligned} G(f) &= 1 - G_e(f - f_m) - G_e(f + f_m), \\ g(t) &= \delta(t) - 2g_e(t) \cos(2\pi f_m t), \\ h(t) &\approx s(t) - \frac{1}{\pi f_m} g_e(t) \sin(2\pi f_m t). \end{aligned} \tag{1.161}$$

Abb. 1.28 gibt eine Übersicht.

Systeme mit idealen Zeitcharakteristiken. In der Regelungstechnik wird mit folgenden idealisierten Systemen gerechnet, die elementare Operationen im Zeitbereich durchführen:

1. P-Glied: $u_2(t) = ku_1(t) \circ\!\!-\!\!\bullet\, U_2(f) = k \cdot U_1(f)$,

   Ausgangssignal proportional Eingangssignal.

2. I-Glied: $u_2(t) = \int\limits_{-\infty}^{t} u_1(\tau)\,\mathrm{d}\tau \circ\!\!-\!\!\bullet\, U_2(f)$

   $$= \left[\frac{1}{j2\pi f} + \frac{1}{2}\,\delta(f)\right] \cdot U_1(f),$$

   Ausgangssignal Integrierte der Eingangszeitfunktion.

3. D-Glied: $u_2(t) = \frac{\mathrm{d}u_1(t)}{\mathrm{d}t} \circ\!\!-\!\!\bullet\, U_2(f) = j2\pi f \cdot U_1(f)$,

   Ausgangssignal Differenzierte der Eingangszeitfunktion.

4. T_t-Glied: $u_2(t) = u_1(t - t_0) \circ\!\!-\!\!\bullet\, U_2(f) = \mathrm{e}^{-j2\pi t_0 f} \cdot U_1(f)$, Ausgangssignal zeitlich verzögertes Eingangssignal (Totzeitglied).

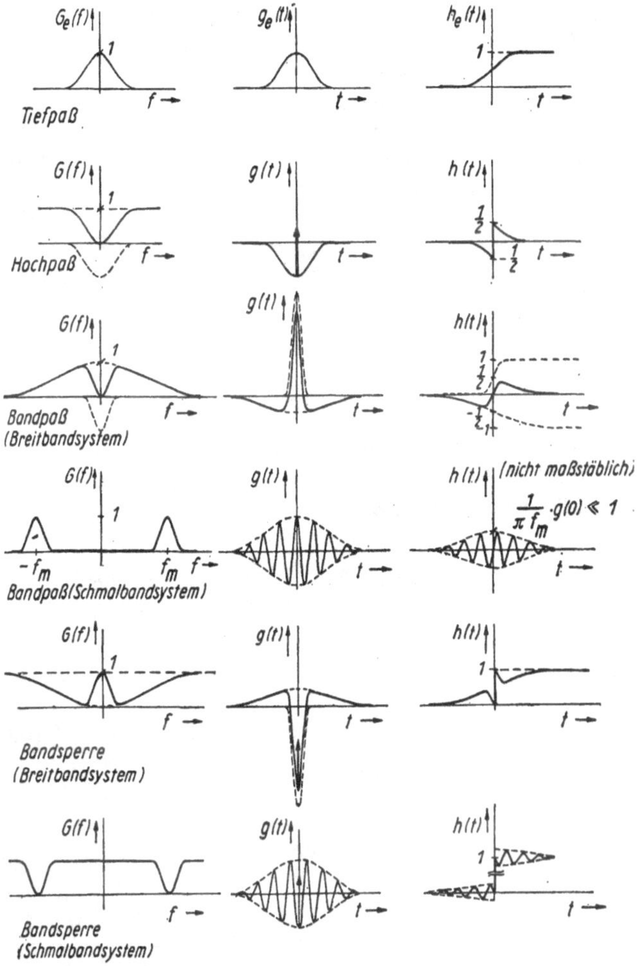

Abb. 1.28. Aus elementaren Tiefpaßcharakteristiken zusammengesetzte Filtercharakteristiken

Tiefpaßwirkung und Integration auch Verzögerung einerseits und Hochpaßwirkung und Differentiation andererseits sind im systemtheoretischen Sinne verwandt, die Idealisierungen sind jeweils nichtrealisierbare Grenzfälle, die entweder von einer Forderung im Frequenzbereich oder einer Forderung im Zeitbereich ausgehen. Realisierbare Systeme sind jeweils speziell der einen oder der anderen Forderung angepaßt. Jeder Tiefpaß führt z. B. eine Mittelwertbildung aus, wobei i. a. eine „Fenster-Unschärfe“ vorhanden ist, die von der jeweiligen Gewichtsfunktion bestimmt wird. Diese Zusammenhänge demonstriert der nachfolgend beschriebene Spalt-Tiefpaß.

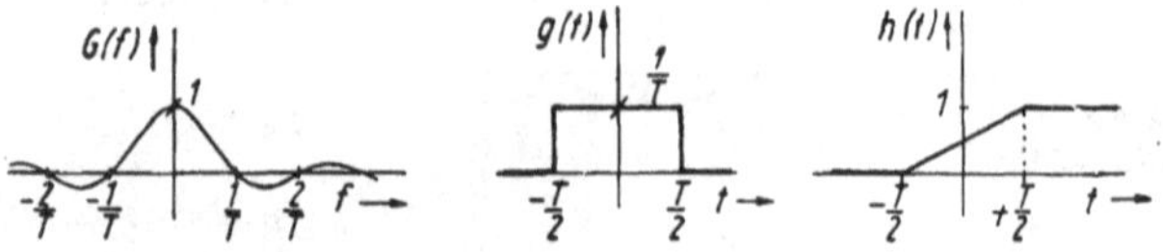

Abb. 1.29. Systemcharakteristiken des Spalt-Tiefpasses

Spalt-Tiefpaß (idealer Fenster-Integrator). System mit rechteckförmiger Stoßantwort (s. Abb. 1.29) entsprechend Spaltfunktion als Übergangsfaktor.

$$g(t) = \begin{cases} 1/T \text{ für } |t| \leqq \dfrac{T}{2}, \\ 0 \quad \text{sonst} \end{cases} \tag{1.162}$$

$$h(t) = \begin{cases} 0 & \text{für } t < \dfrac{-T}{2}, \\ \dfrac{1}{T}\left(t + \dfrac{T}{2}\right) & \text{für } |t| \leqq \dfrac{T}{2}, \\ 1 & \text{für } t > \dfrac{T}{2}, \end{cases} \tag{1.163}$$

$$G(f) = \text{si}\,(\pi T f). \tag{1.164}$$

Aus dem Faltungssatz entsteht mit der Substitution $x = (t - \tau)$ der Zusammenhang zwischen Ausgangs- und Eingangszeitfunktion

$$u_2(t) = \frac{1}{T} \int_{-\frac{T}{2}}^{+\frac{T}{2}} u_1(t - \tau) \, \mathrm{d}\tau = \frac{1}{T} \int_{t-\frac{T}{2}}^{t+\frac{T}{2}} u_1(x) \, \mathrm{d}x. \tag{1.165}$$

Der Spalt-Tiefpaß bildet also einen zeitlich begrenzten linearen Mittelwert über die Eingangszeitfunktion (ein Integrationsfenster wird zeitabhängig über die Funktion geschoben).

1.2.3. *Idealisierte frequenzinvariante Systeme*

Wie bereits beschrieben, kennzeichnen frequenzinvariante Systeme die Operationen Multiplikation im Zeitbereich und Faltung im Frequenzbereich

$$u_2(t) = u_1(t) \cdot m(t),$$

$$U_2(f) = U_1(f) * M(f).$$

Durch Anwendung des Vertauschungssatzes können Ergebnisse der Beschreibung zeitinvarianter Systeme übernommen werden.

Zeit-Tor. Die rechteckige Modulationsfunktion entspricht der rechteckförmigen Übertragungsfunktion des idealen Tiefpasses

$$m(t) = \begin{cases} 1 & \text{für } |t| \leqq T/2, \\ 0 & \text{sonst}; \end{cases} \tag{1.166}$$

$$M(f) = T \operatorname{si}(\pi T f).$$

Von besonderer technischer Bedeutung sind periodische Modulationsfunktionen.

Idealer Sinusmodulator.

$$\begin{aligned} m(t) &= \cos 2\pi f_0 t, \\ M(f) &= \frac{1}{2}\,\delta(f - f_0) + \frac{1}{2}\,\delta(f + f_0). \end{aligned} \tag{1.167}$$

Der Sinusmodulator bewirkt eine Frequenzverschiebung des Originalspektrums um $\pm f_0$ (Frequenzumsetzung), wie Abb. 1.30 zeigt:

$$U_2(f) = \frac{1}{2}\,U_1(f - f_0) + \frac{1}{2}\,U_1(f + f_0).$$

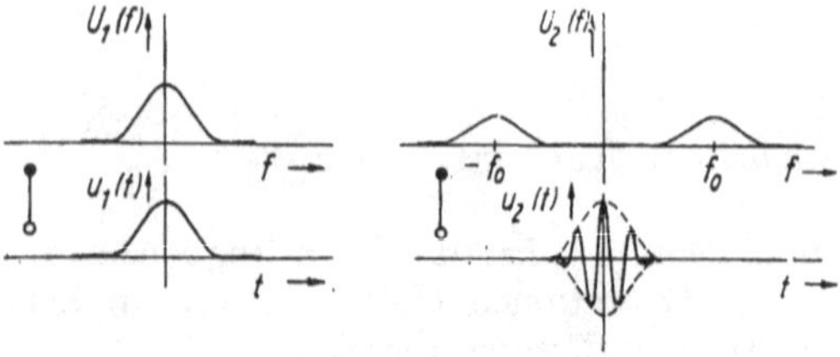

Abb. 1.30. Frequenzumsetzung durch Sinusmodulator

Idealer Abtaster.

$$\begin{aligned} m(t) &= t_p \sum_{m=-\infty}^{+\infty} \delta(t - n t_p), \\ M(f) &= \sum_{\mu=-\infty}^{+\infty} \delta(f - \mu f_0), \quad f_0 = 1/t_p. \end{aligned} \tag{1.168}$$

Gegenüber dem Sinusmodulator entsteht eine im Frequenzbereich periodische Frequenzumsetzung (Periodifizierung der Eingangs-Spektralfunktion), wie in Abb. 1.31 dargestellt.

Da bei allen periodischen Modulationsfunktionen Stoßfolgen als spektrale Gewichtsfunktionen auftreten, findet in jedem Falle eine (mehrfache) Frequenzverschiebung des Eingangsspektrums um ganzzahlige Vielfache der Grundfrequenz von $m(t)$ statt.

Idealer Ringmodulator. Die Modulationsfunktion ist eine periodische Umpolfunktion

$$m(t) = \operatorname{sgn}(\cos 2\pi f_0 t),$$
$$M(f) = \operatorname{si}\left(\pi \frac{f}{2f_0}\right) \cdot \sum_{\mu=-\infty}^{+\infty} \delta(f - \mu f_0) - \delta(f). \tag{1.169}$$

Abb. 1.32 zeigt das Verhalten.

Anmerkung. In technischen Systemen sind oft zeit- und frequenzinvariante Systeme in Kette geschaltet, so daß die Operationen Faltung und Multiplikation sowohl im Zeit- als auch im Frequenzbereich gemeinsam vorkommen. (Hierbei ist zu beachten, daß Faltung und Multiplikation in der Reihenfolge nicht vertauschbar sind.) Oft simulieren derartig gemischte Systeme jedoch zeit- oder frequenzinvariante Systeme, wenn man den Eingangssignalen gewisse Beschränkungen auferlegt. Beispiele: Abtastsysteme (s. S. 115), N-Pfadfilter, Modulator-Demodulator-Anordnung (z. B. Trägerfrequenztechnik).

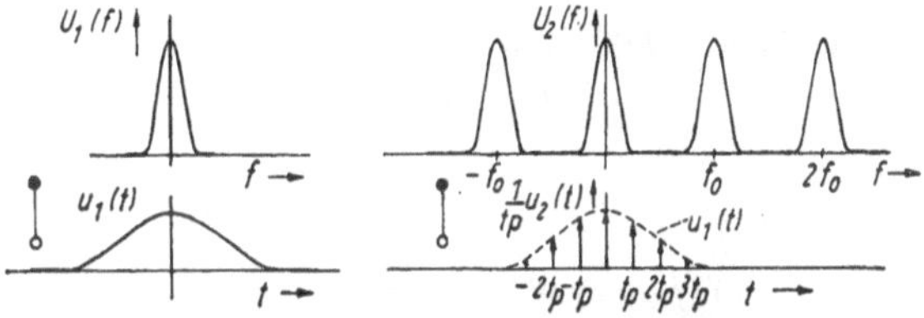

Abb. 1.31. Frequenzumsetzung durch idealen Abtaster

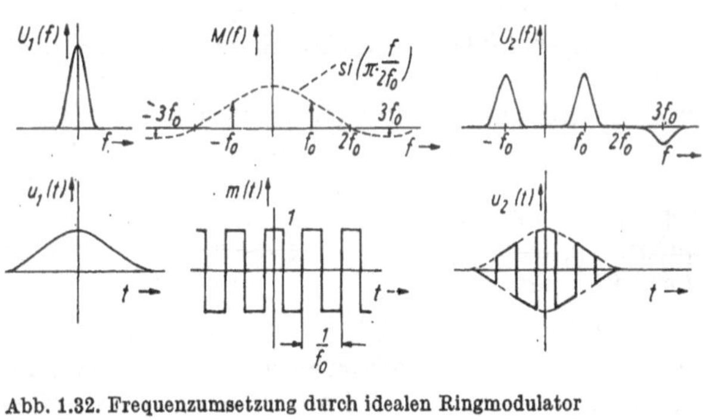

Abb. 1.32. Frequenzumsetzung durch idealen Ringmodulator

1.2.4. *Realistische zeitinvariante Systeme mit konzentrierten Schaltelementen*

Realistisch sollen Systeme genannt werden, die *kausal* sind und durch (idealisierte) lineare technische Schalt- und Übertragungselemente realisiert werden können. Die wichtigsten beiden Gruppen sind die Schaltungen aus passiven und aktiven *konzentrierten* Schaltelementen (Widerstände, Kapazitäten, Induktivitäten, Verstärkerbaugruppen) und Systeme mit sogenannten *verteilten* Parametern, in denen Ausbreitungsvorgänge in kontinuierlichen Medien wesentlich sind (Übertragungsleitungen, Laufzeitleitungen, RC-Netzwerke mit verteilten Parametern). Schaltungen aus konzentrierten Schaltelementen sind gekennzeichnet durch *rationale*, Systeme mit verteilten Parametern durch *transzendente* Übertragungsfunktionen.

Beispiele: RC-Tiefpaß $G(f) = \frac{1}{1 + j\frac{f}{f_0}}$,

Verzögerungsleitung

$$G(f) = e^{-j2\pi t_0 f} \quad (t_0 > 0).$$

Die Schalt- und Übertragungselemente realistischer Systeme sind ebenfalls idealisierte Modelle. So sind z. B. die konzentrierten Blindschaltelemente streng weder verlustlos noch punktförmig (noch linear). Das Modell gilt nur bis zu einer gewissen Frequenzgrenze mit ausreichender Genauigkeit. Hochpässe oder Verzögerungsleitungen, die Frequenzanteile bis zu unendlich hohen Frequenzen ungedämpft übertragen, sind physikalisch nicht realisierbar.

Wiener-Paley-Kriterium. Die weitergehende Bedingung der physikalischen Realisierbarkeit erfüllen Systeme, auf deren Übertragungsfunktion das *Wiener-Paley-Kriterium* zutrifft (notwendige und hinreichende Bedingung für Stabilität und Kausalität).

$$\begin{aligned} &1. \int_{-\infty}^{+\infty} |G(f)|^2 \, \mathrm{d}f < \infty, \\ &2. \int_{-\infty}^{+\infty} \frac{|\log |G(f)||}{1+f^2} \, \mathrm{d}f < \infty. \end{aligned} \tag{1.170}$$

Aus dem WIENER-PALEY-Kriterium folgt u. a.

1. Der Betrag des Übertragungsfaktors darf höchstens punktweise, jedoch in keinem endlichen Frequenzintervall identisch verschwinden (Verbot idealer Tief-, Hoch- und Bandpässe).

2. Der Betrag des Übertragungsfaktors muß für $f \to \infty$ verschwinden, und zwar mindestens mit f^{-k}, wobei $k > 1$, aber nicht steiler als mit c^{-f} ($c > 0$, reell). Daraus folgen Verbot des Hochpaßverhaltens bis $f = \infty$ und des GAUSS-Tiefpasses.

Die anschließend betrachteten Systeme werden nicht notwendig die strengere Forderung der physikalischen Realisierbarkeit, sondern nur die „realistische" der Kausalität erfüllen.

Systeme mit rationaler Übertragungsfunktion. Um Anschluß an die Darstellungsweise der Netzwerktheorie und insbesondere die Pol-Nullstellendarstellung zu gewinnen, wird hier die Schreibweise der LAPLACE-Transformation gewählt. Der Übergang zur FOURIER-Transformation kann formal durch die Substitution

$$p \to j\omega = j2\pi f$$

vollzogen werden.

1.2.4.1. Eigenschaften der Übertragungsfunktion

Für Systeme, die nur lineare, konzentrierte und konstante Schaltelemente (einschließlich idealer Verstärker) enthalten, ist notwendig und hinreichend:

1. Übertragungsfunktion rational:

$$G_L(p) = \frac{\alpha_0 + \alpha_1 p + \alpha_2 p^2 + \cdots + \alpha_m p^m}{\beta_0 + \beta_1 p + \beta_2 p^2 + \cdots + \beta_n p^n} = \frac{Z(p)}{N(p)}, \quad (1.171)$$

Koeffizienten α_μ, β_ν reell.

2. Nennerpolynom $N(p)$ ist ein HURWITZ-Polynom (d. h. alle Nullstellen von $N(p)$ haben negativen Realteil).

3. Grad des Nennerpolynoms größer oder gleich Grad des Zählerpolynoms $n \geqq m$.

Sonderfall: Reaktanz-Zweipolfunktionen (Widerstand oder Leitwert von Zweipolen, die nur ideale Blindschaltelemente enthalten), die im weiteren Sinne auch System-Übertragungsfunktionen darstellen, haben rein imaginäre Nullstellen von $N(p)$ und $Z(p)$, außerdem gilt $n = m \pm 1$.

Äquivalente *Partialbruchdarstellung*:

$$G_L(p) = A_0 + \sum_{\nu=1}^{n} \sum_{\mu=1}^{r_\nu} \frac{A_{\nu\mu}}{(p - p_\nu)^\mu}, \quad (1.172)$$

r_ν = Vielfachheit der Pole p_ν, $A_{\nu\mu}$ = Residuen.
Sonderfall einfacher Pole:

$$G_L(p) = A_0 + \frac{A_1}{p - p_1} + \frac{A_2}{p - p_2} + \cdots \frac{A_n}{p - p_n}. \quad (1.173)$$

Anmerkung. Die Partialbruchdarstellung gestattet unmittelbar die Ermittlung der Gewichtsfunktion, die demnach notwendig in eine Summe von sinusförmigen Vorgängen mit exponentieller Hüllkurve, einschließlich eines Stoßes bei endlichen A_0 zerlegbar ist.

Äquivalente *Linearfaktordarstellung*

$$G_L(p) = k \frac{(p - p_{01})(p - p_{02}) \cdots (p - p_{0m})}{(p - p_1)(p - p_2) \cdots (p - p_n)} \quad (1.174)$$

mit den Polen p_ν und den Nullstellen $p_{0\mu}$.

Pole und Nullstellen bestimmen (bis auf eine reelle Konstante) vollständig die Übertragungsfunktion.

1.2.4.2. *Elementarsysteme*

Die Systembeschreibung durch Übertragungsgrößen entspricht einem Modell mit der Eigenschaft der Rückwirkungsfreiheit.

Die Realisierung kann man sich als Schaltungen vorstellen, die durch entkoppelnde ideale Verstärkerstufen (z. B. Operationsverstärker) abgeschlossen sind.

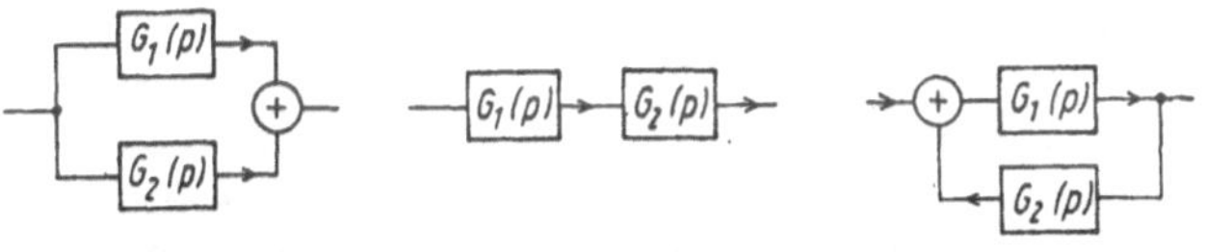

Abb. 1.33. Rückwirkungsfreie Zusammenschaltung von Systemen

Folgende Anordnungen der rückwirkungsfreien Zusammenschaltung zweier Systeme $G_1(p)$ und $G_2(p)$ sind von Bedeutung (s. Abb. 1.33):

1. Parallelschaltung: $G_L(p) = G_1(p) + G_2(p)$, (1.175)

2. Kettenschaltung: $G_L(p) \doteq G_1(p) \cdot G_2(p)$, (1.176)

3. Rückkopplungsschaltung: $G_L(p) = \dfrac{G_1(p)}{1 - G_1(p) \cdot G_2(p)}$. (1.177)

Parallel- und Kettenschaltung (Kaskadenschaltung) sind geeignet, unmittelbar aus der Partialbruch- und der Kettenbruchform der rationalen Funktion $G_L(p)$ Systeme bzw. Modelle zu realisieren, die aus einfacheren Teilsystemen aufgebaut sind.

Während in den Fällen 1. und 2. die Stabilität der Einzelsysteme die Stabilität des Gesamtsystems zur Folge hat, muß bei der Rückkopplungsschaltung die Stabilität besonders untersucht werden (s. S. 100).

Sonderfall: $G_1(p) = V$ (V konstant, reell, z. B. idealer Verstärker),

$$G_L(p) = \frac{V}{1 - VG_2(p)}.$$

Für $V \gg 1$ entsteht formal

$$G_L(p) \approx \frac{-1}{G_2(p)}.$$

Mit dieser Anordnung (rückgekoppelter Verstärker) ist prinzipiell die Erzeugung eines (näherungsweise) reziproken Übertragungsfaktors möglich, wenn die Stabilität gewährleistet ist.

Durch Verallgemeinerung von Gl. 1.176 läßt sich aus der Linearfaktordarstellung (Gl. 1.174) formal eine Zerlegung in Elementarsysteme ableiten, die einzelne Pole und Nullstellen bzw. einfache realisierbare Kombinationen von Polen und Nullstellen bilden.

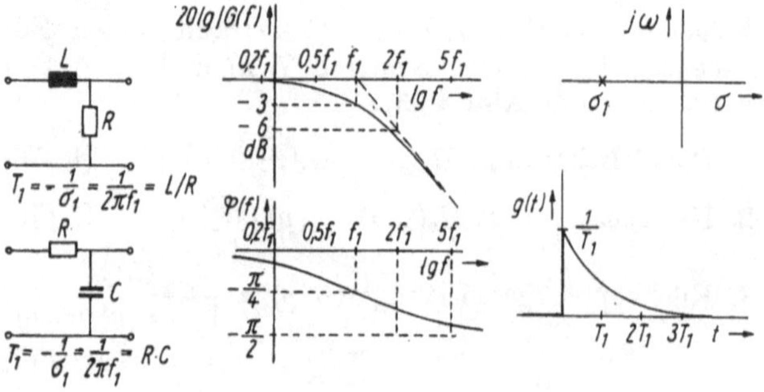

Abb. 1.34. Charakteristiken und Realisierung eines reellen Poles

Besonders übersichtlich ist die logarithmische Darstellung der zugehörigen Teil-Frequenzcharakteristiken Dämpfung und Phase im sogenannten *Bode-Diagramm*, da sich daraus in einfacher Weise die Gesamtcharakteristiken ergeben.

Folgende elementare PN-Anordnungen sind wichtig:

1. Reeller Pol (s. Abb. 1.34)

Übertragungsfunktion:

$$G_L(p) = k\,\frac{1}{p - p_1} = \frac{-\sigma_1}{p - \sigma_1} = \frac{1}{1 + pT_1} \qquad (1.178)$$

mit $p_1 = +\sigma_1 = -1/T_1$ ($\sigma_1 < 0$), $k = -\sigma_1$ gewählt.

Die Schreibweise mit der Zeitkonstanten T_1 ist in der Regelungstechnik üblich.

$$G(f) = \frac{1}{1 + j\left(\frac{f}{f_1}\right)}, \qquad g(t) = \begin{cases} 2\pi f_1 \mathrm{e}^{-2\pi f_1 t} & \text{für} \quad t \geqq 0 \\ 0 & \text{sonst.} \end{cases} \qquad (1.179)$$

$f_1 = -\sigma_1/2\pi$ Polfrequenz.

Betragscharakteristik, logarithmiert (negative Dämpfung):

$$-a_{\mathrm{dB}} = 10 \lg |G(f)|^2 = -10 \lg [1 + (f/f_1)^2]. \qquad (1.180)$$

Wegen $a_{\mathrm{dB}} \approx 0$ für $f/f_1 \ll 1$ und $-a_{\mathrm{dB}} \approx -20 \lg(f/f_1)$ für $f/f_1 \gg 1$ ergeben sich die Asymptoten im BODE-Diagramm.

Beachte: $-a_{\mathrm{dB}}|_{f=f_1} \approx -3\,\mathrm{dB}$. Die Asymptote für $f/f_1 \gg 1$ hat einen negativen Anstieg von 20 dB/Dekade.

Phasencharakteristik:

$$\varphi = -\arctan (f/f_1). \qquad (1.181)$$

Realisierungsbeispiele (Spannungsübertragungsfunktion): RC-Glied, LR-Glied.

Dieses Elementarsystem ist nach dem Frequenzverhalten ein Tiefpaß, nach dem Zeitverhalten ein Integrierglied (in der Regelungstechnik Trägheitsglied, auch Verzögerungsglied 1. Ordnung).

2. Reelle Nullstelle

$$G_L(p) = k(p - p_{01}) = \frac{p - \sigma_{01}}{-\sigma_{01}} = 1 + pT_{01}, \tag{1.182}$$

$k = -1/\sigma_{01}$ (gewählt),

$$G(f) = 1 + j\frac{f}{f_{01}}, \quad f_{01} = -\frac{\sigma_{01}}{2\pi}, \tag{1.183}$$

$$-a_{dB} = 10 \lg [1 + (f/f_{01})^2], \tag{1.184}$$

$$\varphi(f) = \operatorname{arctg} (f/f_{01}). \tag{1.185}$$

Im BODE-Diagramm erscheint für $\sigma_{01} < 0$ das gleiche Bild wie beim reellen Pol, jedoch mit entgegengesetzten Vorzeichen für a_{dB} und φ. Beachte: σ_{01} kann auch positiv werden, dann ist $\varphi(f)$ identisch mit der Phasenfunktion des Poles. Eine Nullstelle ist ein fiktives Elementarsystem, sie ist allein nicht realisierbar.

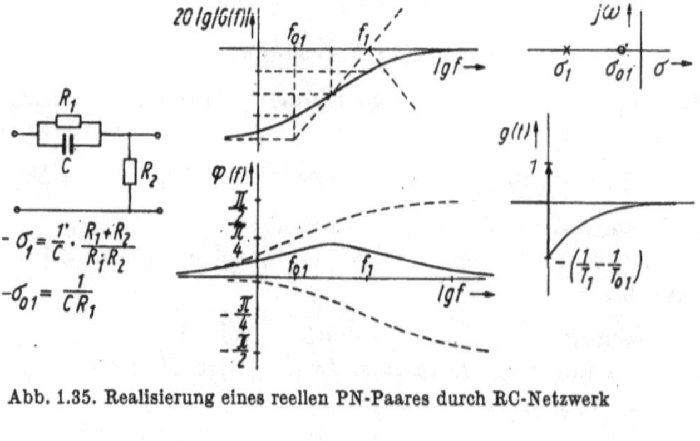

Abb. 1.35. Realisierung eines reellen PN-Paares durch RC-Netzwerk

Beispiel. Reelles PN-*Paar* (s. Abb. 1.35):

$$\text{Übertragungsfunktion } G_L(p) = \frac{p - \sigma_{01}}{p - \sigma_1} = \frac{T_1}{T_{01}} \cdot \frac{(1 + pT_{01})}{(1 + pT_1)}, \tag{1.186}$$

$$g(t) = \begin{cases} \delta(t) - \left(\frac{1}{T_1} - \frac{1}{T_{01}}\right) e^{-t/T_1} \text{ für } t \geqq 0, \\ 0 \quad \text{sonst.} \end{cases}$$

Derartige Netzwerke dienen z. B. als Entzerrer für Übertragungsmedien, deren Dämpfung mit der Frequenz ansteigt (Regelungstechnik: PD-Regler). Für $\sigma_{01} = 0$ entsteht die einfachste Form eines Hochpasses (Frequenzverhalten) bzw. ein Differenzierglied (Zeitverhalten).

3. *Konjugiert komplexes Polpaar*

Da die Koeffizienten der rationalen Übertragungsfunktion Gl. 1.171 reell sind, müssen komplexe Pole und Nullstellen in konjugiert komplexen Paaren auftreten.

$$G_L(p) = k\,\frac{1}{(p - p_2)\,(p - p_3)} = k\,\frac{1}{(p - p_2)\,(p - p_2^*)}. \tag{1.187}$$

Mit $p_2 = \sigma_2 + j\omega_2$, $\sigma_2 < 0$, $\omega_0^2 = \sigma_2^2 + \omega_2^2$ und $k = p_2 p_2^*$ (gewählt) entsteht

$$G_L(p) = \frac{\omega_0^2}{p^2 - 2\sigma_2 p + \omega_0^2} = \frac{1}{1 + 2D\dfrac{p}{\omega_0} + \left(\dfrac{p}{\omega_0^2}\right)}, \tag{1.188}$$

$D = \dfrac{-\sigma_2}{\omega_0}$ (Dämpfungsgrad. $Q = -\omega_0/2\sigma_2$ wird als Güte bezeichnet).

$$G(f) = \frac{1}{1 + j2Df/f_0 - (f/f_0)^2},$$

$$g(t) = \begin{cases} \dfrac{2\pi f_0}{\sqrt{1 - D^2}} \cdot e^{-D2\pi f_0 t} \cdot \sin\left(\sqrt{1 - D^2}\, 2\pi f_0 t\right) & \text{für } t \geqq 0 \\ 0 & \text{sonst.} \end{cases} \tag{1.189}$$

$$-a_{\mathrm{dB}} = -10 \lg \{[1 - (f/f_0)^2]^2 + (2Df/f_0)^2\}, \tag{1.190}$$

$$\varphi(f) = -\arctan \frac{2Df/f_0}{1 - (f/f_0)^2}. \tag{1.191}$$

Abb. 1.36 zeigt die Zusammenhänge sowie die (passive) Realisierung als LC-Vierpol, der mit einem reellen Widerstand abgeschlossen ist.

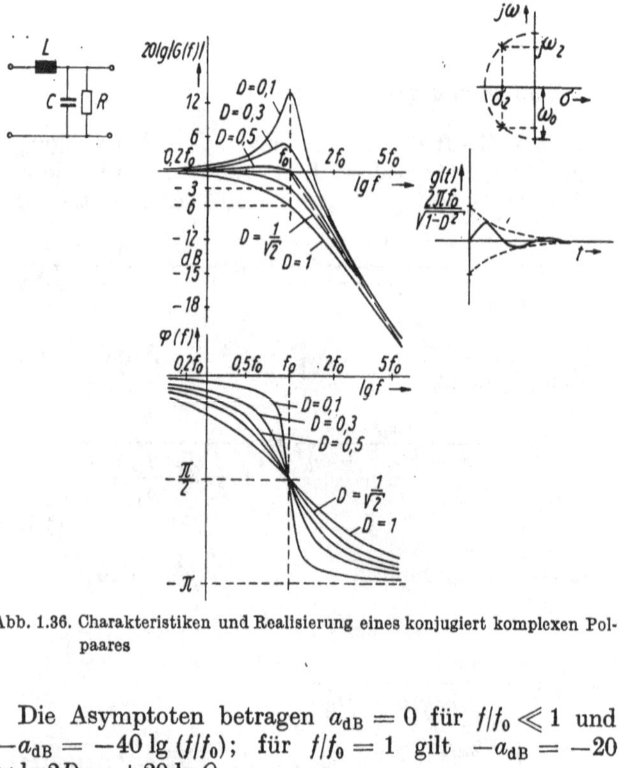

Abb. 1.36. Charakteristiken und Realisierung eines konjugiert komplexen Polpaares

Die Asymptoten betragen $a_{\mathrm{dB}} = 0$ für $f/f_0 \ll 1$ und $-a_{\mathrm{dB}} = -40 \lg (f/f_0)$; für $f/f_0 = 1$ gilt $-a_{\mathrm{dB}} = -20 \times \lg 2D = +20 \lg Q$.

Sonderfälle: $D = 1$ (doppelter reeller Pol), $-a_{\mathrm{dB}}(f_0) \approx -6\,\mathrm{dB}$; $D = 1/\sqrt{2}$ ($\gamma = 45°$, sogenannte maximal flache Betragscharakteristik), $-a_{\mathrm{dB}}(f_0) \approx -3\,\mathrm{dB}$; $D = 0$ (Grenzfall des ungedämpften Serienschwingkreises), $-a_{\mathrm{dB}}(f_0) = \infty$. Nur bei kleinen D tritt das Maximum von $-a_{\mathrm{dB}}$ praktisch bei $f = f_0$ auf. ω_2 wird auch als Eigenkreisfrequenz bezeichnet.

4. Konjugiert komplexes Nullstellenpaar

Für die reelle Nullstelle wurde gezeigt: Das BODE-Diagramm der reellen Nullstelle geht durch Vorzeichenwechsel der Ordinaten aus dem BODE-Diagramm der reellen Polstelle hervor. Das gleiche gilt auch für den Zusammenhang zwischen komplexer Nullstelle und komplexer Polstelle, so daß auf die explizite Darstellung verzichtet werden kann. Wie die reelle Nullstelle, so ist auch das komplexe Nullstellenpaar ein fiktives System (allein nicht realisierbar).

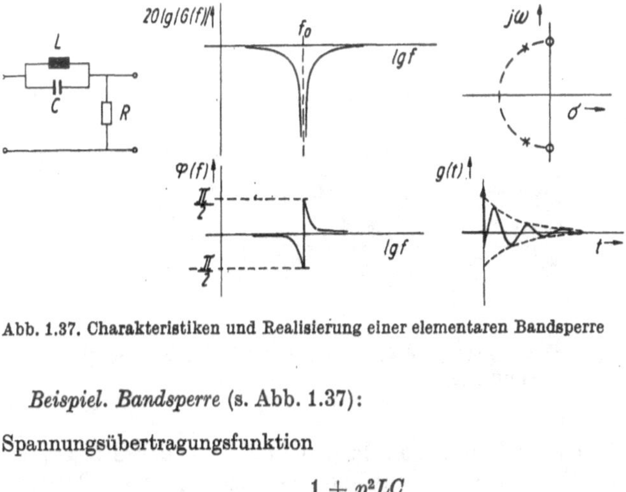

Abb. 1.37. Charakteristiken und Realisierung einer elementaren Bandsperre

Beispiel. Bandsperre (s. Abb. 1.37):

Spannungsübertragungsfunktion

$$G_L(p) = \frac{1 + p^2LC}{1 + \frac{L}{R}\,p + p^2LC}. \tag{1.192}$$

Es entsteht ein rein imaginäres Nullstellenpaar und ein Polpaar, das je nach der Größe von R konjugiert komplex oder reell ist. Mit Gl. **1.188** gilt für das Polpaar

$$2\pi f_0 = \omega_0 = \sqrt{\frac{1}{LC}}; \quad D = \frac{L}{2R}\,\omega_0 = \frac{1}{2R}\sqrt{\frac{L}{C}}.$$

Bei der Frequenz f_0 liegt die Übertragungs-Nullstelle (Dämpfungspol, $a_{\mathrm{dB}}(f_0) = \infty$).

$$g(t) = \begin{cases} \delta(t) - 2D(2\pi f_0)\,\mathrm{e}^{-D 2\pi f_0 t}\left(\cos\sqrt{1-D^2}\,2\,\pi f_0 t \right. \\ \qquad \left. - \dfrac{D}{\sqrt{1-D^2}} \sin\sqrt{1-D^2}\,2\pi f_0 t\right), & \text{für} \quad t \geqq 0, \\ 0 & \text{sonst.} \end{cases} \tag{1.193}$$

1.2.4.3. *Minimalphasen- und Allpaßsystem*

Nullstellen dürfen positive Realteile haben. Auf die Betragscharakteristik wirkt sich das Vorzeichen des Realteiles nicht aus, dagegen bewirkt ein Vorzeichenwechsel des Nullstellen-Realteiles auch einen Vorzeichenwechsel der Phase. Abb. 1.38 zeigt Betrag und Phase der

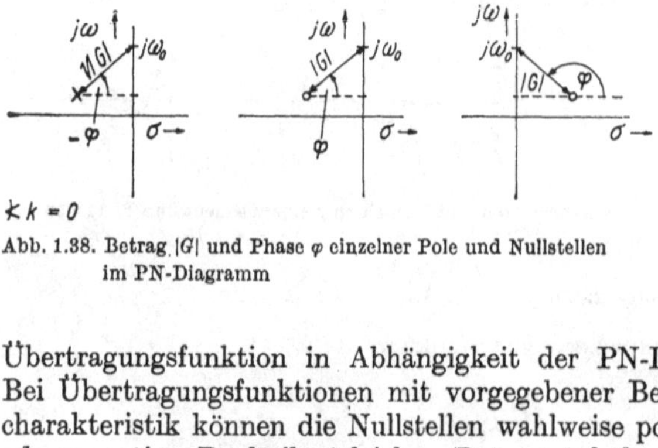

Abb. 1.38. Betrag $|G|$ und Phase φ einzelner Pole und Nullstellen im PN-Diagramm

Übertragungsfunktion in Abhängigkeit der PN-Lagen. Bei Übertragungsfunktionen mit vorgegebener Betragscharakteristik können die Nullstellen wahlweise positive oder negative Realteile (gleichen Betrages) haben. Die Phase der Übertragungsfunktion ist im zweiten Falle betragsmäßig am kleinsten (Differenzbildung der Pol- und Nullstellenwinkel), daher spricht man von einem *Minimalphasensystem*, wenn alle Nullstellen negativen Realteil haben (im Inneren der linken Halbebene liegen). Für das Minimalphasensystem gilt der Zusammenhang zwischen Dämpfungs- und Winkelmaß, definiert nach den

Gln. 1.127 und 1.128:

$$b(f) = \frac{1}{\pi} \int_{-\infty}^{+\infty} \frac{a(\nu)}{f - \nu} \, d\nu \; \bigl(= -\varphi(f)\bigr). \qquad (1.194)$$

Bei Minimalphasensystemen ist das Winkelmaß die HILBERT-Transformierte des Dämpfungsmaßes.

Da die Gewichtsfunktion für $t < 0$ identisch verschwindet, ist auch der Realteil der Übertragungsfunktion die HILBERT-Transformierte des Imaginärteiles, vgl. S. 49)

Als *Allpaßsystem* wird ein System bezeichnet, dessen sämtliche Nullstellen spiegelbildlich zu den Polen angeordnet sind (Spiegelung an der $j\omega$-Achse), d. h.

$$G_L(p) = k \frac{(p + p_1)(p + p_2) \cdots (p + p_n)}{(p - p_1)(p - p_2) \cdots (p - p_n)}. \qquad (1.195)$$

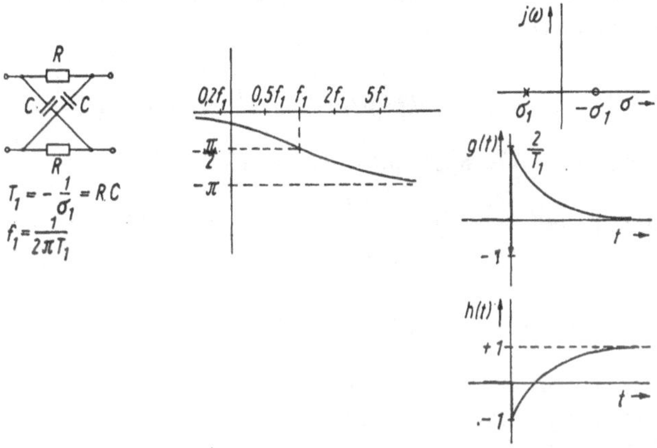

Abb. 1.39. Charakteristiken und Realiserung eines Allpasses 1. Ordnung

Die Betragscharakteristik ist eine Konstante $|G(f)| = |k|$. Für die Phasencharakteristik entsteht der doppelte Phasenwinkel gegenüber dem entsprechenden System mit unterdrückten Nullstellen. (Pole und Nullstellen liefern den gleichen Beitrag zum Phasenwinkel; durch den Winkel der Konstanten k, d. h. Null oder π, ergeben sich Modifikationen). Systeme mit beliebig angeordneten Nullstellen in der rechten Halbebene heißen *allpaßhaltig*, sie lassen sich als Kettenschaltung eines Minimalphasensystems und eines Allpasses darstellen.

Beispiel. Allpaß 1. Ordnung (s. Abb. 1.39):

$$G_L(p) = (-1)\,\frac{p+\sigma_1}{p-\sigma_1}, \quad \sigma_1 < 0,$$

$$G(f) = \frac{1 - j f/f_1}{1 + j f/f_1},$$

$$\varphi(f) = -2 \arctan (f/f_1),$$

$$g(t) = -\delta(t) + 2(2\pi f_1)\,\mathrm{e}^{-(2\pi f_1)t} \quad \text{für} \quad t \geqq 0,$$

$$h(t) = -s(t) + 2(1 - \mathrm{e}^{-2\pi f_1 t}) \quad \text{für} \quad t \geqq 0.$$

Der Allpaß 2. Ordnung enthält je ein konjugiert komplexes Pol- und Nullstellenpaar.

1.2.4.4. *Gesamtcharakteristik und Elementarcharakteristik*

Aus Gl. 1.174 folgt mit $G_L(p) = |G_L(p)|\,\mathrm{e}^{j\arg G_L(p)}$

$$20 \lg |G_L(p)| = 20\,[\lg k + \sum_{\mu=1}^{m} \lg |p - p_{0\mu}| - \sum_{\nu=1}^{n} \lg |p - p_\nu|, \tag{1.196}$$

$$\arg G(p) = \arg k + \sum_{\mu=1}^{m} \arg (p - p_{0\mu}) - \sum_{\nu=1}^{n} \arg (p - p_\nu).$$

Für $p = j\omega = j2\pi f$ sind diese Funktionen identisch mit negativer Dämpfungs- und Winkelcharakteristik (s. Gln. 1.129, 1.128).

$$\begin{aligned} a_{\mathrm{dB}}(f) &= -20 \lg |G_L(p)|_{p=j2\pi f}, \\ \varphi(f) &= -b(f) = \arg G_L(p)|_{p=j2\pi f}. \end{aligned} \tag{1.197}$$

Die einzelnen Summanden oder zu Teilsummen zusammengefaßte Summanden der Gln. 1.196 sind als Frequenzcharakteristiken der Elementarsysteme angegeben worden. Somit gilt:

Dämpfungs- und Winkelcharakteristik eines Systems ergeben sich additiv aus den entsprechenden Charakteristiken elementarer PN-Konfigurationen, in die eine Übertragungsfunktion aufgelöst werden kann.

Im BODE-Diagramm kann die grafische Addition elementarer Charakteristiken besonders einfach vollzogen werden, weil die einzelnen Kurvenformen infolge der logarithmischen Frequenzteilung invariant gegenüber einer Verschiebung in Abszissenrichtung sind und somit z. B. die Verwendung von Schablonen gestatten. Insbesondere kann bei nicht zu dicht liegenden PN die Dämpfungscharakteristik durch Addition der Asymptoten der einzelnen Elementarcharakteristiken in Form eines geknickten Geradenzuges näherungsweise dargestellt werden.

Bei Häufungen von PN ist eine Geradenapproximation nur für $\omega \gg p_{0\mu}, p_\nu$ bzw. $\omega \ll p_{0\mu}, p_\nu$ möglich (Weitabdämpfungsanstieg mit $(n - m) \cdot 20$ dB/Dekade). Einen Sonderfall stellt die Übertragungsfunktion $G_L(p) = \dfrac{1}{(1 + pT_1)^n}$ dar (n-facher reeller Pol), die für hinreichend große n die Übertragungsfunktion des GAUSS-Tiefpasses approximiert.

1.2.4.5. *Potential-Analogie*

Die Ausdrücke in Gl. 1.196 können als verallgemeinerte Dämpfungs- und Phasenfunktionen für die gesamte p-Ebene aufgefaßt werden. Eine Darstellungsmöglichkeit der Übertragungsfunktion $G_L(p) = |G_L(p)| \, e^{j\varphi(p)}$ besteht darin, Linien konstanter Dämpfung a_{dB} und konstanter Phase φ in der p-Ebene einzutragen. Für einen einzelnen Pol gilt

$$-a_{\text{dB}} = 20 \lg |G_L(p)| = 20 [\lg k - \lg |(p - p_1)|], \tag{1.198a}$$

$$\varphi = \arg G_L(p) = \arg k - \arg (p - p_1). \tag{1.198b}$$

Die Linien konstanter Dämpfung sind somit konzentrische Kreise um den Pol p_1 mit dem Radius $|p - p_1|$, die Linien konstanter Phase sind die orthogonalen Trajektorien (s. Abb. 1.40).

Es handelt sich um eine konforme Abbildung der $-a_{\mathrm{dB}} + j\varphi$-Ebene in die p-Ebene.

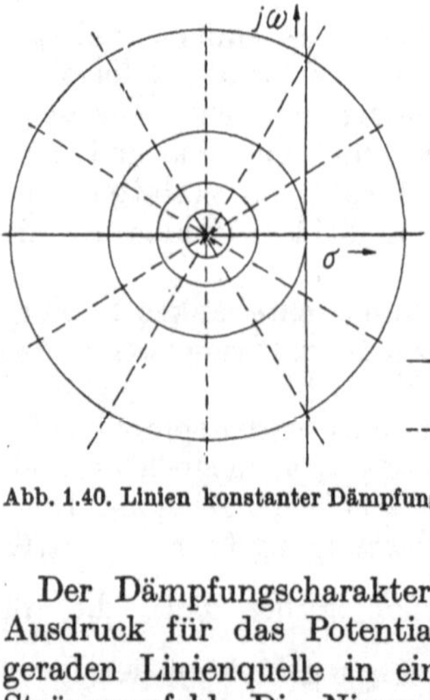

Abb. 1.40. Linien konstanter Dämpfung und konstanter Phase für einen Pol

Der Dämpfungscharakteristik gleicht prinzipiell der Ausdruck für das Potential q einer unendlich langen geraden Linienquelle in einem stationären räumlichen Strömungsfeld. Die Niveauflächen des Potentials sind konzentrische Kreiszylinder, und für das Potential im Abstand r von der Linienquelle gilt

$$q = k_q - \frac{I}{l} \cdot \frac{1}{2\pi\varkappa} \ln r$$

mit $\frac{I}{l}$ = pro Längeneinheit der Linienquelle austretender Gesamtstrom,

$\varkappa$ = Leitfähigkeit des homogenen Mediums,

k_q = Konstante gemäß gewähltem Bezugspotential.

Abgesehen von Konstanten enthält diese Beziehung den gleichen funktionellen Zusammenhang wie Gl. 1.198a.

Die orthogonalen Trajektorien der Äquipotentiallinien sind die Stromlinien. Es gilt die Analogie

Äquipotentiallinien entsprechen Linien konstanter Dämpfung, Stromlinien entsprechen Linien konstanter Phase.

Eine einzelne Nullstelle hat entgegengesetzte Vorzeichen von Dämpfung und Phase, daher kann sie durch Äquipotential- und Stromlinien einer negativen Linienquelle nachgebildet werden. Die Potentiale von (parallelen) Linienquellen überlagern sich additiv wie die Dämpfungen einzelner Pole und Nullstellen, d. h.:

Eine PN-Anordnung kann durch eine äquivalente Anordnung von Linienquellen modelliert werden.

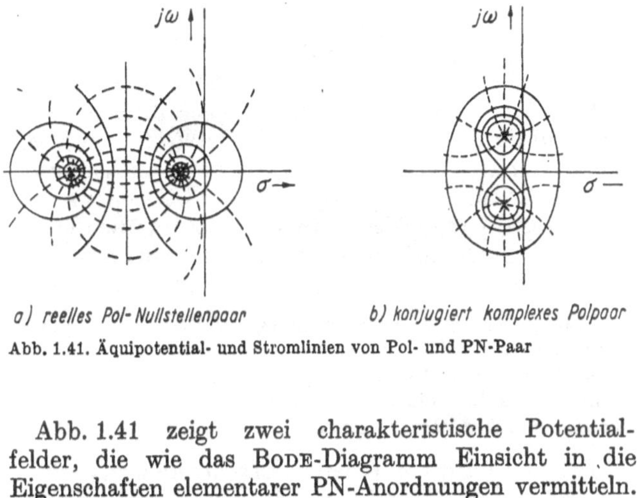

Abb. 1.41. Äquipotential- und Stromlinien von Pol- und PN-Paar

Abb. 1.41 zeigt zwei charakteristische Potentialfelder, die wie das Bode-Diagramm Einsicht in die Eigenschaften elementarer PN-Anordnungen vermitteln. Die Skizze in Abb. 1.41b demonstriert z. B., daß mit abnehmendem Abstand der Pole von der imaginären Achse die Tiefpaß- in eine Bandpaßcharakteristik übergeht und daß für große ω das komplexe Polpaar wie ein doppelter Pol wirkt.

Als physikalisch-technisches Modell kann eine mit leitfähigem Material gleichmäßig beschichtete Fläche dienen (elektrolytischer Trog, leitfähiges Papier). Mittels Sonden werden konstante positive oder negative Ströme eingespeist, und zwar an den Stellen, an denen in der p-Ebene Pole und Nullstellen liegen. Mit einer weiteren Sonde kann experimentell die Potentialverteilung ermittelt werden, die der Dämpfung entspricht, insbesondere z. B. längs der $j\omega$-Achse, um die Dämpfungscharakteristik zu ermitteln. Durch Ausnutzung gewisser Symmetrie-Eigenschaften und durch konforme Abbildungen kann die Anordnung modifiziert werden. Sie läßt sich z. B. zur experimentellen Ermittlung von PN-Konfigurationen für vorgegebene Dämpfungs- und Phasencharakteristiken verwenden (s. a. Approximationsproblem).

1.2.4.6. Approximationsproblem

Aufgabe: Aus technischen Forderungen, die ohne Rücksicht auf die Realisierbarkeit z. B. mit Hilfe von idealisierten Funktionen im Frequenz- oder Zeitbereich formuliert sind, sollen komplette Systemfunktionen für eine vorgegebene Systemklasse ermittelt werden, die die vorgegebene Charakteristik im Sinne eines Gütekriteriums approximieren.

Beispiel. Gegeben: Dämpfungscharakteristik eines idealen Tiefpasses.
Gesucht: Rationale Übertragungsfunktion, die als LC-Netzwerk realisierbar ist und die vorgegebene Charakteristik im TSCHEBYSCHEFFschen Sinne approximiert.

Kriterien für die Approximationsgüte können sein:

1. Übereinstimmung von Soll- und Approximationsfunktion in vorgegebenen diskreten Punkten (entspricht Methode der Interpolation).

2. Mittlerer quadratischer Fehler zwischen Soll- und Approximationsfunktion. (Minimierung des mittleren

quadratischen Fehlers entspricht Approximation im GAUSSschen Sinne.)

3. Ebnung der Fehlerfunktion in *einem* Punkt (maximale Anzahl von Ableitungen der Fehlerfunktion in einem Punkt soll verschwinden).

4. Maximaler Fehler zwischen Soll- und Approximationsfunktion (Minimierung des maximalen Fehlers entspricht Approximation im TSCHEBYSCHEFFschen Sinne).

Bei der Approximation mit rationalen Funktionen haben vor allem die Methoden der Kriterien 3 und 4 (vorzugsweise für Frequenzcharakteristiken) und 2 (vorzugsweise für Zeitcharakteristiken) Bedeutung (Einzelheiten s. z. B. [11]).

Beispiele von Möglichkeiten für die Approximation von Frequenzcharakteristiken:

1. Elementare Geraden-Approximation mit Hilfe des BODE-Diagramms (typisch für Entzerrercharakteristiken mit geringen Genauigkeitsforderungen).

2. Standardapproximationen für ideale Tiefpaß-Betragscharakteristiken.

Gegeben: Dämpfungscharakteristik mit Toleranzschema nach Abb. 1.42 (Parameter $a_{\max}$, $a_{\min}$, ω_k).

Lösungen:

a) Maximal flache Charakteristik

$$|G(\omega)|^2 = \frac{1}{1 + \delta^2\omega^{2n}}; \quad \text{mit} \quad \begin{aligned} 1 + \delta^2 &= e^{2a_{\max}}, \\ 1 + \delta^2\omega_k{}^2 &= e^{2a_{\min}}. \end{aligned} \tag{1.199}$$

Aufwand:

$$n \geqq \frac{\lg \sqrt{(e^{2a_{\min}} - 1) \mid (e^{2a_{\max}} - 1)}}{\lg \omega_k}. \tag{1.200}$$

$G(p)$ enthält im Endlichen nur Pole, die auf einem Halbkreis um den Koordinatensprung $p = 0$ äquidistant verteilt sind.

b) Tschebyscheff-Verhalten im Durchlaßbereich

$$|G(\omega)|^2 = \frac{1}{1 + \delta^2 T_n^2(\omega)}. \tag{1.201}$$

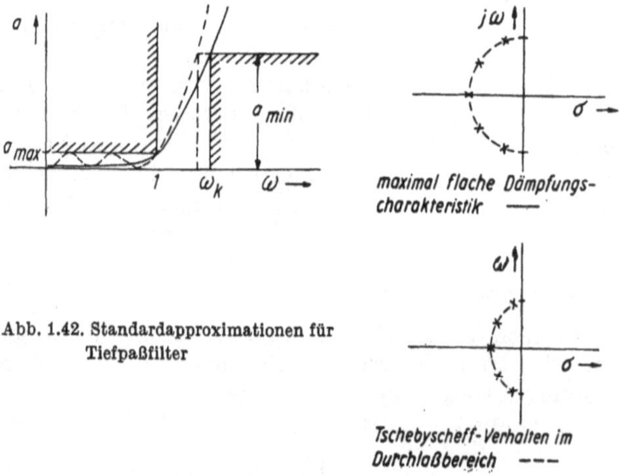

Abb. 1.42. Standardapproximationen für Tiefpaßfilter

$T_n(\omega) = \cos(n \operatorname{arc}\cos \omega)$, Tschebyscheff-*Polynom* vom Grade n in trigonometrischer Darstellung.

Aufwand:

$$n \geqq \frac{\operatorname{ar}\cosh \sqrt{(e^{2a_{min}} - 1)/(e^{2a_{max}} - 1)}}{\operatorname{ar}\cosh \omega_k}. \tag{1.202}$$

Der Aufwand ist kleiner als bei der max. flachen Charakteristik. $G(p)$ enthält ebenfalls im Endlichen nur Pole, die auf einer Ellipse angeordnet sind.

Anmerkung: Für Filter mit Tschebyscheff-Verhalten im Sperrbereich gilt die gleiche Beziehung für den Aufwand. Tschebyscheff-Verhalten im Durchlaß- *und* Sperrbereich haben die sogenannten Cauer-Filter (elliptische Filter), Tabellen für PN-Daten und Schaltelemente derartiger Filter findet man z. B. in [11]. Mit Hilfe von Transformationen können die Ergebnisse auch für Hochpaß, Bandpaß und Bandsperre verwendet werden.

1.2.4.7. Stabilitätskriterien

Systeme mit rationaler Übertragungsfunktion $G_L(p) = \frac{Z(p)}{N(p)}$ sind genau dann stabil, wenn der Grad n des Nennerpolynoms $N(p)$ größer oder gleich dem Grad m des Zählerpolynoms $Z(p)$ (d. h. $n \geqq m$) und das Nennerpolynom ein HURWITZ-Polynom ist (Realteil der Nullstellen von $N(p)$ kleiner als Null). Äquivalent ist die Formulierung:

Alle Pole der Übertragungsfunktion müssen im Inneren der linken p-Halbebene liegen.

Für $n < m$ wäre $G_L(p)$ im Unendlichen unbeschränkt, d. h., dort befände sich ein (ein- oder mehrfacher) Pol.

Ortskurvenkriterium: Die Frage, ob $N(p)$ ein HURWITZ-Polynom ist, wird hierbei durch Betrachtung der *Ortskurve* $N(j\omega)$ in der komplexen N-Ebene $[N = \mathrm{Re}(N) + j\,\mathrm{Im}(N)]$ entschieden.

Für den Phasenwinkel $\varphi_N(j\omega)$ von $N(j\omega) = |N(j\omega)|\,e^{j\varphi_N(j\omega)}$ gilt bei einem Polynom vom Grade n:

$N(p)$ ist genau dann ein HURWITZ-Polynom, wenn bei Durchlaufen der Ortskurve von $\omega = 0$ nach $\omega = +\infty$ der Phasenwinkel $\varphi_N(j\omega)$ monoton *zunimmt*, und zwar insgesamt um $+n\,\frac{\pi}{2}$.

Abb. 1.43 zeigt zwei Beispiele. Der Nullpunkt muß von der Ortskurve in vorgeschriebener Weise *umschlungen* werden.

Begründung: Ein Polynom vom Grade n hat n Nullstellen. Wenn ω zunimmt, liefern Nullstellen in der linken p-Halbebene einen positiven, in der rechten p-Halbebene einen negativen Beitrag. Im Intervall $\omega = -\infty$ bis $\omega = +\infty$ erzeugt eine Nullstelle eine Winkeländerung von π (bzw. im Intervall $\omega = 0$ bis $\omega = +\infty$ eine Winkeländerung von $\pi/2$, vgl. BODE-Diagramm). Nur wenn alle Nullstellen in der linken Halbebene liegen, beträgt die Gesamtwinkeländerung beim Durchlaufen der Ortskurve in positiver Richtung von $\omega = -\infty$ bis $\omega = +\infty$ genau $+n \cdot \pi$ (bzw. n $\frac{\pi}{2}$ im Intervall $0 \leqq \omega \leqq \infty$).

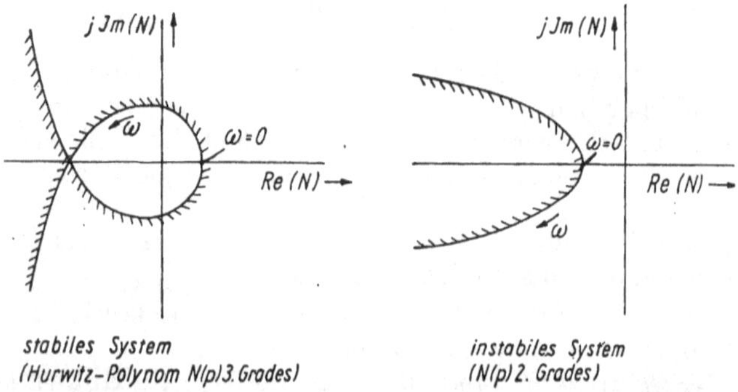

Abb. 1.43. Ortskurven von Nennerpolynomen

Zuweilen findet man die Aussage: Der Nullpunkt muß stets links der in positiver Richtung durchlaufenen Ortskurve liegen. Das ist zwar prinzipiell richtig. Es ist jedoch oft schwer zu beurteilen, welche Gebiete als linksseitig zu betrachten sind, weil die p-Ebene für $n > 1$ in eine mehrblättrige RIEMANNsche Ebene abgebildet wird. So könnte bei oberflächlicher Betrachtung die rechte Ortskurve in Abb. 1.43 irrtümlich einem HURWITZ-Polynom zugeordnet werden.

Algebraische Kriterien wurden von HURWITZ und ROUTH angegeben, die z. B. aus den Koeffizienten des Nennerpolynoms die Stabilität nachzuweisen gestatten (s. z. B. [16, 17, 18]).

Stabilität rückgekoppelter Systeme. Für die Übertragungsfunktion eines rückgekoppelten Systems gilt (vgl. Abb. 1.33)

$$G_L(p) = \frac{G_1(p)}{1 - G_1(p)\, G_2(p)} = \frac{Z_1(p)/N_1(p)}{1 - \left(Z_1(p)\, Z_2(p)/N_1(p)\, N_2(p)\right)}$$

$$= \frac{Z_1(p)\, N_2(p)}{N_1(p)\, N_2(p) - Z_1(p)\, Z_2(p)}. \tag{1.203}$$

Beachte folgende Eigenschaften von $G_L(p)$:

1. Nullstellen des Systems im Vorwärtszweig $G_1(p)$ bleiben erhalten.

2. Pole des Systems im Rückkoppelzweig $G_2(p)$ werden Nullstellen.

Anstelle des Nennerpolynoms $N_1(p) \cdot N_2(p) - Z_1(p) \times Z_2(p)$ wird die Funktion $1 - G_1(p) \cdot G_2(p)$ untersucht, sie hat die gleichen Nullstellen wie das Polynom und enthält die leicht meßbare Übertragungsfunktion der offenen Schleife $G_s(p) = G_1(p) \cdot G_2(p)$. Der Sonderfall der Kompensation von Nullstellen des Zählers $G_1(p)$ und des Nenners $1 - G_1(p) \cdot G_2(p)$ soll ausgeschlossen werden. Die Größe eines frequenzabhängigen reellen Faktors (V_0) in $G_1(p) \cdot G_2(p)$ ist mit entscheidend für die Stabilität (Verstärkung), daher wird für die Übertragungsfunktion der offenen Schleife $G_s(p)$ angesetzt:

$$G_s(p) = G_1(p) \cdot G_2(p) = V_0 \cdot G_0(p). \qquad (1.204)$$

Ortskurvenkriterium. Die Stabilität läßt sich aus der Ortskurve der Übertragungsfunktion der offenen Schleife $G_s(j\omega)$ mit $m_s = (m_1 + m_2)$ Nullstellen und $n_s = (n_1 + n_2)$ Polstellen erkennen. Im *Regelfall* der Stabilität der offenen Schleife (Voraussetzung) gilt:

> Das rückgekoppelte System ist genau dann stabil, wenn bei Durchlaufen der Ortskurve der offenen Schleife von $\omega = 0$ nach $\omega = +\infty$ der Zeiger vom Punkt $+1$ zur Ortskurve den Gesamtwinkel Null überstreicht, d. h., wenn sich positive und negative Winkeländerungen kompensieren.

Abb. 1.44 zeigt ein Beispiel. Der Punkt $+1$ darf von der Ortskurve *nicht* umschlungen werden. Der Durchgang der Ortskurve durch den Punkt $+1$ entspricht dem (labilen) Stabilitätsgrenzfall (vgl. „Schwingbedingung“: $V_0 G_0 = 1$).

Begründung: Wenn die offene Schleife stabil ist, gilt für $G_s(p)$: 1. $n_s \geqq m_s$; 2. Alle n_s Pole innerhalb der linken p-Halbebene.

Daraus ergibt sich für die Funktion $1 - G_s(p)$:

1. Anzahl der Nullstellen = Anzahl der Pole = n_s.
2. Alle n_s Pole ebenfalls innerhalb der linken p-Halbebene, da identisch mit denen von $G_s(p)$. Es folgt: Wenn alle n_s Nullstellen von $1 - G_s(p)$ auch in der linken Halbebene liegen, ergibt sich für die Gesamtwinkel-

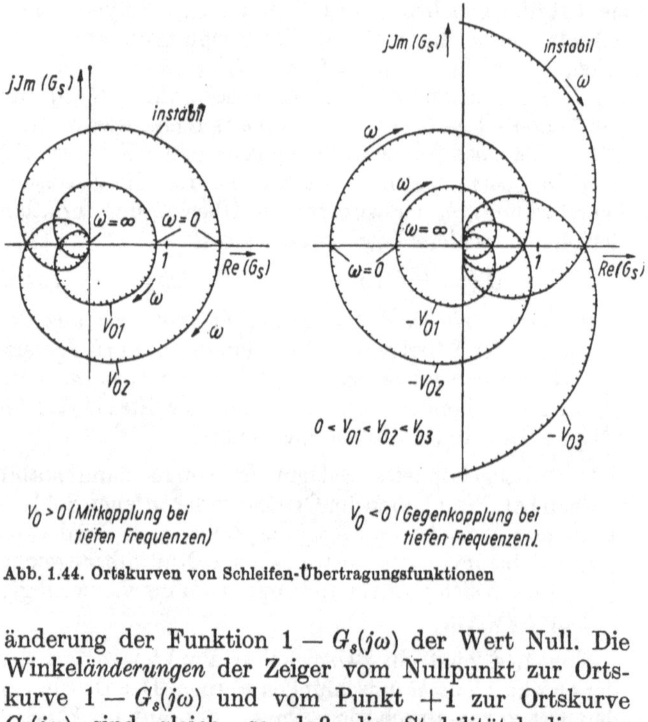

Abb. 1.44. Ortskurven von Schleifen-Übertragungsfunktionen

änderung der Funktion $1 - G_s(j\omega)$ der Wert Null. Die Winkel*änderungen* der Zeiger vom Nullpunkt zur Ortskurve $1 - G_s(j\omega)$ und vom Punkt $+1$ zur Ortskurve $G_s(j\omega)$ sind gleich, so daß die Stabilitätsbedingung unmittelbar anhand der Übertragungsfunktion der offenen Schleife formuliert werden kann.

Aus Abb. 1.44 geht hervor, daß außer dem Betrag auch das Vorzeichen von V_0 entscheidend ist. Im einfachsten Fall kann $G_1(p) = V_0$, $G_2(p) = G_0(p)$ gesetzt werden, das entspricht einem rückgekoppelten Verstärker. Sowohl für $V_0 > 0$ als auch für $V_0 < 0$ gibt es i. a. Frequenzbereiche, in denen Gegenkopplung, und Bereiche, in denen Mitkopplung vorliegt.

Sonderfall: Übertragungsfunktion der offenen Schleife hat n_{sr} Pole in der rechten p-Halbebene (instabil):

> Das rückgekoppelte System ist genau dann stabil, wenn bei Durchlaufen der Ortskurve der offenen Schleife von $\omega = 0$ nach $\omega = +\infty$ der Zeiger vom Punkt $+1$ zur Ortskurve den Gesamtwinkel $+ n_{sr} \cdot \pi$ überstreicht.

Ein Beispiel zeigt Abb. 1.45.

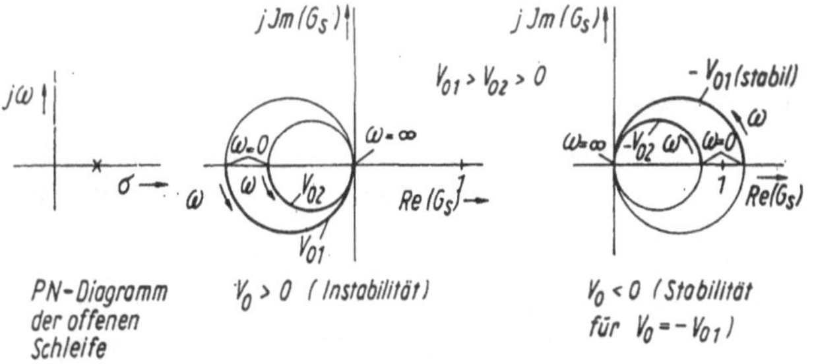

Abb. 1.45. Ortskurven eines Systems mit instabiler offener Schleife

Begründung: Ein Pol in der rechten Halbebene bewirkt zunächst durch sein „Fehlen" in der linken einen Phasenüberschuß von $+\frac{\pi}{2}$, sodann leistet er selbst einen Beitrag von $+\frac{\pi}{2}$, so daß insgesamt bei n_{sr} Polen als Gesamtphasenüberschuß $+ n_{sr} \cdot \pi$ im Frequenzintervall $0 \leqq \omega \leqq +\infty$ zustande kommt.

Anmerkung. Bei instabiler offener Schleife gelingt es experimentell oft nur schwer, das rückgekoppelte System in den (latent vorhandenen) stabilen Bereich zu überführen.

Wurzelortsmethode. Mit der Übertragungsfunktion der offenen Schleife $G_s(p) = V_0 \cdot G_0(p)$ werden in der komplexen p-Ebene die Ortskurven der Nullstellen von $1 - G_s(p)$, d. h. die Wurzelorte, in Abhängigkeit von V_0 betrachtet. Aus der Bestimmungsgleichung für die Nullstellen $1 - V_0 G_0(p) = 0$ entsteht

$$G_0(p) = |G_0(p)|\, e^{j\varphi_0(p)} = \begin{cases} \dfrac{1}{|V_0|}\, e^{j2\varkappa\pi} & \text{für} \quad V_0 > 0, \\ \dfrac{1}{|V_0|}\, e^{j(2\varkappa-1)\pi} & \text{für} \quad V_0 < 0, \end{cases} \tag{1.205}$$

$\varkappa$ = beliebige ganze Zahl,
bzw.

$$|G_0(p)| = 1/|V_0|; \quad \varphi_0(p) = \begin{cases} 2\varkappa\pi & \text{für} \quad V_0 > 0, \\ (2\varkappa - 1)\,\pi & \text{für} \quad V_0 < 0. \end{cases}$$

Daraus folgt:

1. Wurzelortskurven sind die Linien konstanten Winkels $\varphi_0(p) = 2\varkappa\pi$ bzw. $\varphi_0(p) = (2\varkappa - 1)\,\pi$ in der p-Ebene.
2. Mit zunehmendem $|V_0|$ wandern die Nullstellen auf den Wurzelortskurven von den Polen ($V_0 = 0$) zu den Nullstellen ($V_0 = \pm\infty$) der Funktion $G_0(p)$ bzw. $G_s(p)$.

Anhand der Potentialanalogie (s. S. 93) können die Wurzelortskurven als ausgewählte Stromlinien der äquivalenten Anordnung von Linienquellen (d. h. als Fallinien des zugehörigen Potentialgebirges) anschaulich gedeutet werden. Für konstante Werte $|V_0|$ liegen die Wurzeln auf Linien gleichen Potentials.

Beispiele zeigt Abb. 1.46. Aus den Wurzelortskurven kann unmittelbar abgelesen werden, bei welchem Wert von V_0 (Verstärkung) die $j\omega$-Achse, d. h. die Stabilitätsgrenze erreicht ist.

Für die Gesamt-Übertragungsfunktion $G_L(p)$ des rückgekoppelten Systems gilt (vgl. a. Gl. 1.203): Polstellen = betrachtete Nullstellen des Nennerausdrucks $1 - G_1(p) \times G_2(p)$, Nullstellen = Nullstellen des Systems im Vorwärtszweig, d. h. $G_1(p)$ und Polstellen des Systems im Rückkoppelzweig $G_2(p)$. Damit kann aus dem Wurzelortskurvenbild die PN-Konfiguration des rückgekoppelten Systems abgelesen werden, wodurch die Eigenschaften in Abhängigkeit von V_0 überschaubar sind.

Sonderfall: $G_1(p) = V_0$, $G_2(p) = G_0(p)$, d. h. rückgekoppelter idealer Verstärker mit der frequenzunabhängigen Verstärkung V_0.

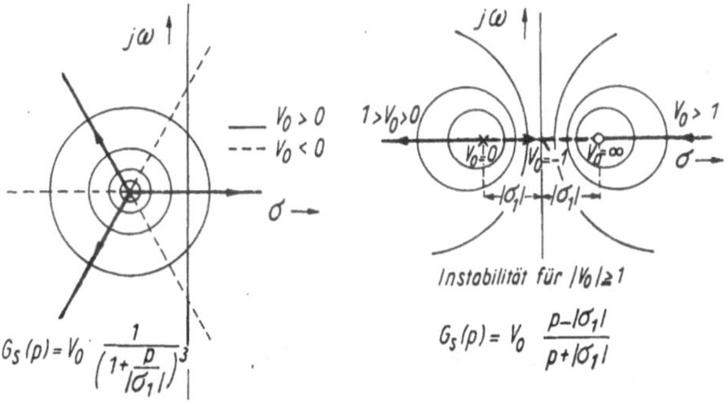

Abb. 1. 46. Beispiele für Wurzelortskurven

1.2.5. *Verzweigungsnetzwerk und diskrete Systeme*

Durch Verallgemeinerung der bisher betrachteten Systeme mit rationaler Übertragungsfunktion in p wird man auf die Klasse der Systeme mit dem Strukturmerkmal *Signalverzweigung*, die sogenannten *Verzweigungsnetzwerke*, geführt. Dem Sonderfall der in p rationalen Übertragungsfunktion steht der Sonderfall der in z rationalen gegenüber, die auch die wichtige Klasse der *diskreten* Systeme (z. B. *digitale* Filter) beschreibt. Das gemeinsame Modell gestattet, die Zusammenhänge anschaulich zu überblicken. (Die Darstellung folgt einer Publikation von Schüssler [19], vgl. auch [8]).

Verzweigungsnetzwerke. Abb. 1.47 zeigt ein Verzweigungsnetzwerk. Aufbauelemente sind

1. Identische Grundsysteme mit der Übertragungsfunktion $G_{VL}(p)$,

2. Konstantmultiplikatoren,
3. Additionsglieder.

Die Übertragungsfunktion $G_L(p)$ des Gesamtsystems ist (für $G_{VL}(p) \neq \infty$)

$$G_L(p) = \frac{\sum_{\mu=0}^{m} \alpha_\mu G_{VL}^{-\mu}(p)}{\sum_{\nu=0}^{n} \beta_\nu G_{VL}^{-\nu}(p)}; \quad (\beta_n \neq 0). \tag{1.206}$$

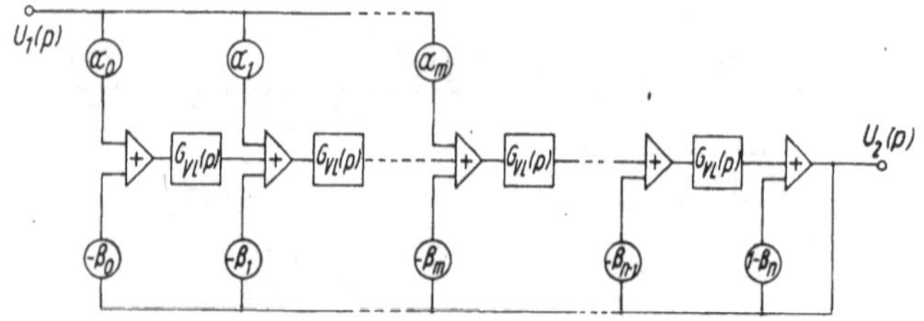

Abb. 1.47. Verzweigungsnetzwerk (kanonische Form entsprechend Polynomform)

$G_L(p)$ ergibt sich aus der unmittelbar aus der Schaltung ablesbaren Beziehung

$$U_2(p) = (\alpha_0 G_{VL}^n + \alpha_1 G_{VL}^{n-1} + \cdots + \alpha_m G_{VL}^{n-m})\, U_1(p)$$
$$- \left(\beta_0 G_{VL}^n + \beta_1 G_{VL}^{n-1} + \cdots + (\beta_n - 1)\, G_{VL}^0\right) U_2(p).$$

Für $G_{VL}(p) = 1/p$, der Übertragungsfunktion des idealen Integrators, ist Gl. 1.206 rational in p und identisch mit Gl. 1.168, d. h.:

Das Verzweigungsnetzwerk mit idealem Integrator als Grundsystem modelliert ein System mit konzentrierten Schaltelementen.

Das Netzwerk in Abb. 1.47 stellt eine Normalform (kanonische Schaltung) dar, die unmittelbar mit der Polynomform der Übertragungsfunktion $G_L(p)$ verknüpft ist. Weitere kanonische Schaltungen sind der Partialbruchdarstellung und der Linearfaktordarstellung zugeordnet [19]. Mit (idealem) Integrator sind die Verzweigungsnetzwerke praktisch Rechenschaltungen der Analogrechentechnik, die auch aus den Differentialgleichungen bzw. Integrodifferentialgleichungen der Beschreibung im Zeitbereich abgeleitet werden können. In ähnlicher Form treten solche Schaltungen bei den Realisierungen aktiver Netzwerke mit Operationsverstärkern auf. Dort spielt besonders die Kettenschaltung (Kaskadenschaltung) aus Elementarsystemen 2. Grades eine Rolle.

Andere rationale Übertragungsfunktionen $G_{VL}(p)$ führen ebenfalls auf rationale Gesamtübertragungsfunktionen $G_L(p)$, sie können mathematisch als Transformationen interpretiert werden. Sonderfälle sind $G_{VL}(p) = p$ (Tiefpaß-Hochpaßtransformation), $G_{VL}(p) = \frac{p^2 + \omega_0^2}{p}$ (Tiefpaß-Bandpaßtransformation).

1.2.5.1. Verzweigungsnetzwerk mit idealen Verzögerungsgliedern

Das ideale Verzögerungsglied mit der Übertragungsfunktion $G_{VL}(p) = \mathrm{e}^{-pt_0}$ führt zu einer *transzendenten* Gesamt-Übertragungsfunktion.

Mit der Substitution

$$\mathrm{e}^{-pt_0} = 1/z \tag{1.207}$$

entsteht jedoch eine in z *rationale* Übertragungsfunktion, die formal mit Gl. 1.171 identisch ist:

$$G_z(z) = \frac{\alpha_0 + \alpha_1 z + \alpha_2 z^2 + \cdots + \alpha_m z^m}{\beta_0 + \beta_1 z + \beta_2 z^2 + \cdots + \beta_n z^n} \quad (\beta_n \neq 0). \tag{1.208}$$

Die Beschreibung durch Pole und Nullstellen in der z-Ebene ist wie bei der PN-Darstellung rationaler Funktionen in p zweckmäßig und anschaulich.

Durch $p = \frac{1}{t_0} \ln z$ (gemäß Gl. 1.207) wird die z-Ebene auf die p-Ebene abgebildet (s. Abb. 1.48).

Als mehrblättrige RIEMANNsche Ebene erscheint die z-Ebene in der p-Ebene in unendlich vielen zur σ-Achse parallelen Streifen der Breite $\omega_p = 2\pi/t_0$. Demzufolge bewirkt auch z. B. ein einzelner Pol in z in der p-Ebene eine unendliche Folge von Polen im Abstand $\omega_p = 2\pi/t_0$ auf einer Geraden parallel zur $j\omega$-Achse. Die $j\omega$-Achse der p-Ebene geht in den Einheitskreis der z-Ebene über, wobei Intervalle der Länge $f_p = \frac{\omega_p}{2\pi} = \frac{1}{t_0}$ jeweils auf den kompletten Kreis abgebildet werden.

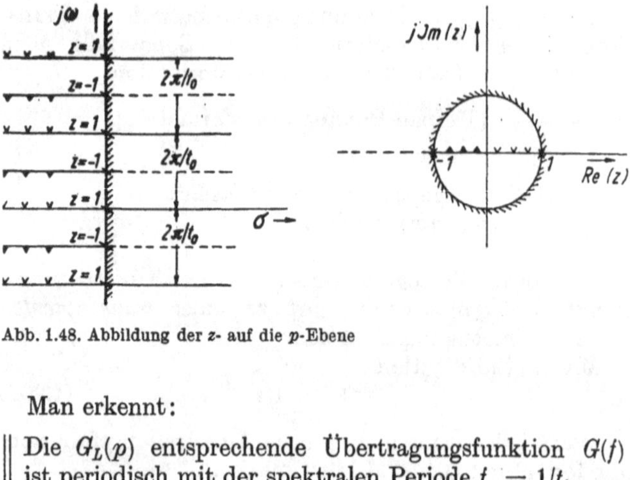

Abb. 1.48. Abbildung der z- auf die p-Ebene

Man erkennt:

> Die $G_L(p)$ entsprechende Übertragungsfunktion $G(f)$ ist periodisch mit der spektralen Periode $f_p = 1/t_0$.

Das ergibt sich auch unmittelbar aus der Beziehung

$$G(f) = G_z(z) \quad \text{für} \quad z = e^{j2\pi t_0 f}. \tag{1.209}$$

Aus der Signaltheorie ist bekannt, daß periodischen Spektralfunktionen äquidistante Stoßfolgen im Zeitbereich entsprechen.

Somit gilt:

> Die Gewichtsfunktion $g(t)$ ist eine äquidistante Stoßfolge (Stöße im Abstand t_0).

Das System bewirkt nur Verzögerungen im einheitlichen Zeitraster t_0 sowie bewertete Überlagerungen von Eingangs- und Ausgangssignal, daher kann die Erregung mit einem Stoß nur eine Stoßfolge als Ausgangssignal verursachen.

Stabilität.

‖ Das System ist genau dann stabil, wenn alle Pole von $G_z(z)$ im Inneren des Einheitskreises der z-Ebene liegen.

Beachte: In der p-Ebene liegen die Pole dann links der $j\omega$-Achse. Pole bei $z = 0$, d. h. $p = -\infty$, sind jedoch im Gegensatz zu dem entsprechenden Stabilitätskriterium bei rationalen $G_L(p)$ erlaubt.

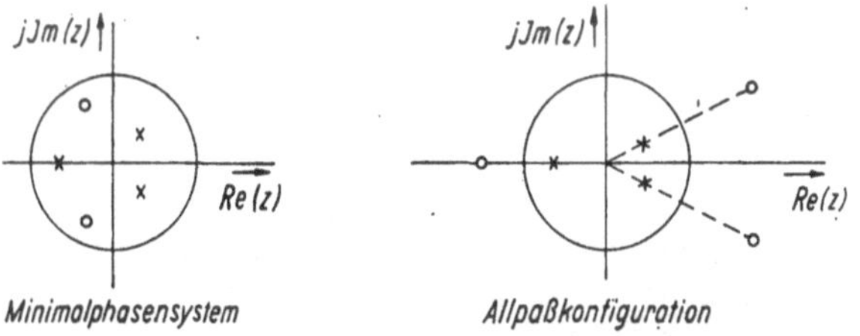

Abb. 1.49. PN-Konfigurationen der z-Ebene für Minimalphasensystem und Allpaß

Minimalphasen- und Allpaßsystem. Die PN-Konfigurationen in z ergeben sich mittels Transformation aus den Bedingungen in p (vgl. Abb. 1.49): Minimalphasensystem: Alle PN in z im Inneren des Einheitskreises. Allpaßsystem: P und N spiegelbildlich zum Einheitskreis.

Nichtrekursives System. Als *rekursiv* wird ein System bezeichnet, wenn Rückkopplungswege über das Grundsystem existieren. *Nichtrekursive* Systeme haben keine Rückkopplungswege, d. h., $\beta_\nu = 0$ für $\nu < n$. Daraus folgt:

‖ Nichtrekursives System: Alle Pole in $z = 0$ (n-facher Pol).

Für nichtrekursive Systeme gibt es kein Gegenstück bei Systemen mit konzentrierten Schaltelementen. In der Technik sind sie als Transversalfilter und Echoentzerrer bekannt.

Die Übertragungsfunktion nichtrekursiver Systeme läßt sich mit $\beta_n = 1$ und $n = m$ ($n > m$ trivial) darstellen als

$$G_z(z) = \alpha_0 z^{-m} + \alpha_1 z^{-(m-1)} + \cdots + \alpha_m, \quad (1.210\text{a})$$

$$G_L(p) = \alpha_0\,\mathrm{e}^{-mt_0p} + \alpha_1\,\mathrm{e}^{-(m-1)t_0p} + \cdots + \alpha_m, \quad (1.210\text{b})$$

$$G(f) = \alpha_0\,\mathrm{e}^{-j2\pi mt_0f} + \alpha_1\,\mathrm{e}^{-j2\pi(m-1)t_0f} + \cdots + \alpha_m. \quad (1.210\text{c})$$

Für die Gewichtsfunktion erhält man unmittelbar

$$g(t) = \alpha_0\delta(t - mt_0) + \alpha_1\,\delta(t - (m - 1)\,t_0) + \cdots + \alpha_m\delta(t). \quad (1.211)$$

Bei nichtrekursiven Systemen ist die Gewichtsfunktion von endlicher Zeitdauer (mt_0).

Die Koeffizienten α_μ sind identisch mit den Stoßintegralen der Gewichtsfunktion, somit ist eine einfache Approximation im Zeitbereich möglich. Gl. 1.210c kann als abgebrochene Fourier-Reihenentwicklung einer Sollfunktion $G_0(f)$ interpretiert werden, was sich zur einfachen Approximation im Frequenzbereich $G(f) \approx G_0(f)$ (minimaler mittlerer quadratischer Fehler) ausnutzen läßt.

Nichtrekursives System mit frequenzproportionaler Phase. Die Gewichtsfunktion $g(t)$ *nichtrekursiver* (*kausaler*) Systeme läßt sich, da sie endliche Länge hat, als gerade Funktion bezüglich eines Zeitpunktes $t_s > 0$ wählen. Mit der Zerlegung

$$g(t) = \delta(t - t_s) * g_g(t), \ (g_g(t) \text{ reell, gerade}) \quad (1.212)$$

entsteht

$$G(f) = \mathrm{e}^{-j2\pi t_s f}\,G_g(f), \ (G_g(f) \text{ reell, gerade}),$$

d. h. eine Übertragungsfunktion mit frequenzproportionaler Phase $\varphi(f) = -2\pi t_s f$ (Phasenlaufzeit t_s), wobei eventuelle einfache Nullstellen von $G_g(f)$ zusätzliche Phasensprünge um π verursachen.

$g(t)$ ist von gerader Symmetrie bezüglich $t_s = m \cdot t_0/2$, wenn gilt

$$\alpha_{\frac{m-2\varkappa}{2}} = \alpha_{\frac{m+2\varkappa}{2}}; \quad \varkappa = 0 \cdots \frac{m}{2}, \quad \text{für } m \text{ gerade}, \tag{1.213}$$

$$\alpha_{\frac{m-1-2\varkappa}{2}} = \alpha_{\frac{m+1+2\varkappa}{2}}; \quad \varkappa = 0 \cdots \frac{m-1}{2} \quad \text{für } m \text{ ungerade.}$$

In der z-Ebene liegen bei Systemen mit frequenzproportionaler Phase die Nullstellen entweder

1. auf dem Einheitskreis oder
2. spiegelbildlich zum Einheitskreis (Quadrupel, falls konjugiert komplex).

Abb. 1.50 zeigt Beispiele.

Nichtrekursives System mit 90°-Phasendrehung. Eine bezüglich $t = t_s > 0$ ungerade Gewichtsfunktion führt zu

$$\begin{array}{ll} g(t) = \delta(t - t_s) * g_u(t), & (g_u(t) \text{ reell, ungerade}) \\ \big| & \\ G(f) = \mathrm{e}^{-j2\pi t_s f} \cdot G_u(f), & (G_u(f) \text{ rein imaginär, ungerade}). \end{array} \tag{1.214}$$

Da $G_u(f)$ rein imaginär ist, erzeugt das System, abgesehen von dem Laufzeitfaktor, Phasendrehungen um $\pm \frac{\pi}{2}$.

$$\varphi(f) = -2\pi t_s f \pm \frac{\pi}{2}.$$

Derartige Systeme (Breitbandphasenschieber) können z. B. in der Übertragungstechnik zur Einseitenbandmodulation verwendet werden.

Realisierung. Für die technische Realisierung der Verzögerungsglieder kommen in Frage: Elektrische Verzögerungsleitungen, mechanische Verzögerungsleitungen,

Magnetbandgeräte mit versetzt angeordneten Leseköpfen, Allpässe aus konzentrierten Schaltelementen (Approximation der frequenzproportionalen Phase von Verzögerungsgliedern).

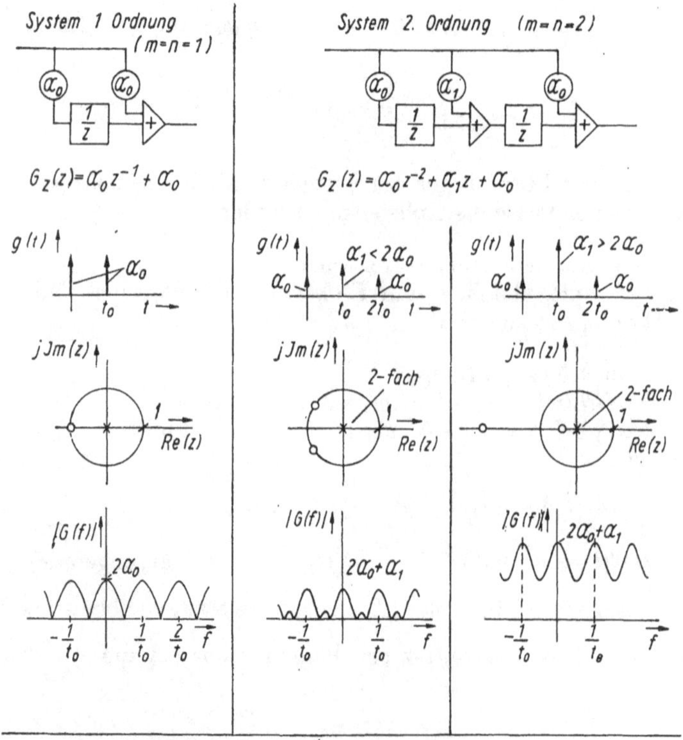

Abb. 1.50. Charakteristiken und Realisierung von Systemen mit frequenzproportionaler Phase

Bei fehlabgeschlossenen Leitungen kann der Reflexionsfaktor die Funktion des Konstantmultiplikators ersetzen (Echoentzerrer). Als Approximation der Verzweigungsnetzwerke mit idealen Verzögerungselementen lassen sich auch die sogenannten diskreten Systeme bzw. digitale Filter auffassen, die z. B. Abtast-Halteglieder oder digitale Rechenwerke verwenden.

1.2.5.2. Diskretes System

Bisher wurde hinsichtlich der Eingangssignale $u_1(t)$ bzw. $U_1(f)$ oder $U_{L1}(p)$ außer der Forderung nach FOURIER- und LAPLACE-Transformierbarkeit keine Einschränkung ausgesprochen. Nunmehr werde der *Sonderfall* einer kausalen *äquidistanten Stoßfolge* mit dem Stoßabstand t_0 vorausgesetzt:

$$u_1(t) = \sum_{k=0}^{\infty} d_{1,k}\delta(t - kt_0). \tag{1.215}$$

Durch Faltung mit der Gewichtsfunktion

$$g(t) = \sum_{k=0}^{\infty} g_k\delta(t - kt_0) \tag{1.216}$$

entsteht das Ausgangssignal

$$u_2(t) = \sum_{k=0}^{\infty} d_{2,k}\delta(t - kt_0). \tag{1.217}$$

Für die Signalbeschreibung wesentlich sind hierbei nur die Werte der Stoßintegrale, für die sich durch Auswertung des Faltungsintegrales (für laplacetransformierbare Signale)

$$u_2(t) = \int_0^t u_1(\tau)\, g(t - \tau)\, \mathrm{d}\tau \tag{1.218}$$

ergibt.

$$d_{2,k} = \sum_{\varkappa=0}^{k} d_{1,\varkappa} \cdot g_{k-\varkappa}. \tag{1.219}$$

Beziehung 1.219 stellt die *diskrete Faltung* dar, symbolisch als Verknüpfung der Folgen $\{d_{1k}\}$, $\{d_{2k}\}$, $\{g_k\}$:

$$\{d_{2k}\} = \{d_{1k}\} * \{g_k\}. \tag{1.220}$$

Allgemein wird die Z-Transformation als Funktionaltransformation von Folgen erklärt (s. z. B. [7]):

$$Z\{g_k\} = G_z(z) = \sum_{k=0}^{\infty} g_k z^{-k}. \tag{1.221}$$

Die Zusammenhänge bei dem bisher zugrundegelegten Verzweigungsnetzwerk (das zwar kontinuierliche Signale übertragen kann, dem aber vereinbarungsgemäß nur Stoßfolgen angeboten werden) zeigt folgende Formelzusammenstellung:

Allgemeine Schreibweise		Zugeschnittene Schreibweise
$u_2(t) = u_1(t) * g(t)$	$\rightarrow$	$\Vert\ \{d_{2k}\} = \{d_{1k}\} * \{g_k\}$
$\updownarrow$ LAPLACE-Transformation		Z-Transformation $\updownarrow$
$U_{L2}(p) = U_{L1}(p) \cdot G_L(p)$	$\longrightarrow$ ($e^{t_0 p} = z$)	$\Vert\ U_{z2}(z) = U_{z1}(z) \cdot G_z(z)$

Die Formeln der rechten Hälfte kennzeichnen ein diskretes System.

Ein diskretes (lineares kausales zeitinvariantes) System realisiert die Operation diskrete Faltung gemäß Gl. 1.219.

Es wird jeweils eindeutig durch die Gewichtsfolge $\{g_k\}$ oder deren Z-Transformierte $G_z(z)$, die Übertragungsfunktion in z beschrieben.

Folgende Überlegung hinsichtlich des bisher betrachteten Verzweigungsnetzwerkes führt zum diskreten System: Infolge der vorausgesetzten Beaufschlagung mit äquidistanten Stößen wird die Systemeigenschaft nach außen nur in den diskreten Zeitpunkten $t = kt_0$ wirksam, daher kann das System für $t \neq kt_0$ abgetrennt werden. Es entsteht ein diskretes System, das nicht mehr streng zeitinvariant ist und nur noch für das spezielle Eingangssignal (Stoßfolge) mit dem ursprünglichen

System äquivalent ist. Allerdings bleibt die Zeitinvarianz bezüglich der Zeitpunkte $t = kt_0$ erhalten („periodische“ Zeitinvarianz). Die Übertragungseigenschaften des diskreten Systems werden bei Interpretation der Eingangsfolge als Stoßfolge komplett durch das (streng) zeitinvariante Verzweigungsnetzwerk mit idealem Verzögerungsglied als Grundsystem *modelliert*, indem nur äquidistante Stöße als Eingangssignal zugelassen werden.

Die Auffassung der Elemente d_{1k}, g_k, d_{2k} der Folgen $\{d_{1k}\}$, $\{g_k\}$, $\{d_{2k}\}$ als Stoßintegrale ist eine nützliche Modellvorstellung, die einen Zusammenhang zur LAPLACE-Transformation über $z = e^{pt_0}$ liefert und eine Brücke zur Realisierung bildet.

Digitales Filter. Eine wichtige Realisierungsmöglichkeit diskreter Systeme bilden sogenannte digitale Filter. Das sind Anordnungen, die die Grundfunktionen Verzögerung (= Speicherung), Multiplikation und Addition mittels digitaler Rechenwerke durchführen [8]. Dazu sind am Eingang Analog-Digitalwandlung und am Ausgang Digital-Analogwandlung erforderlich.

Realisierungsprobleme grundsätzlicher Art entstehen durch die digitale Zahlendarstellung mit endlicher Wortlänge (Rundungsfehler, Übersteuerung). Praktisch spielen Kettenschaltungen von Systemen zweiten Grades (Kaskadensynthese) wie bei den aktiven Netzwerken eine besondere Rolle. (Auch das Gegenspiel von Dynamik und Rauschen ist bei aktiven Netzwerken und digitalen Filtern verwandt.)

Abtastsystem. Gemäß Abtasttheorem (vgl. S. 33) können frequenzbandbegrenzte Signale durch ihre Abgetastete dargestellt werden.

Im technischen Sinne ist eine Bandbegrenzung stets vorhanden, somit ist bei hinreichend kleiner Abtastperiode t_0 stets auch die Signaldarstellung durch Abtastwerte möglich.

Daher gilt: Bei Ergänzung durch Einrichtungen zur Abtastung am Eingang und Interpolation am Ausgang verhalten sich (im Idealfalle) diskrete Systeme nach außen wie streng zeitinvariante Verzweigungsnetzwerke, sofern nur frequenzbandbegrenzte Eingangssignale mit der Grenzfrequenz $f_g \leqq 1/2t_0$ zugelassen werden. Das diskrete System kann dabei wiederum durch ein digitales Filter oder mit anderen Mitteln (z. B. mit Abtast-Haltegliedern) realisiert werden. Meist bezeichnet man im Falle der digitalen Realisierung das komplette System mit Abtastung und Rekonstruktion als digitales Filter. Abb. 1.51 zeigt die Zusammenhänge.

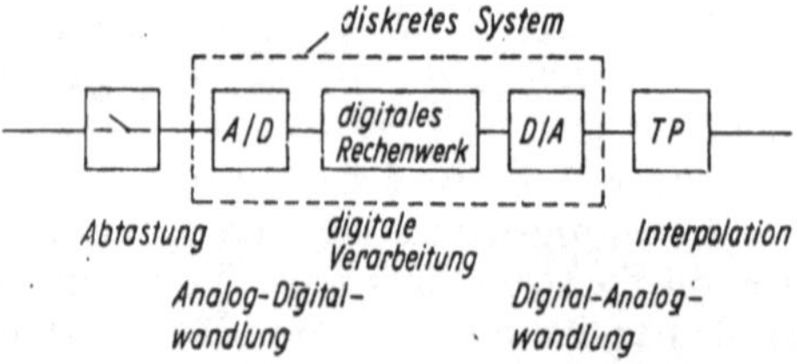

Abb. 1.51. Blockdarstellung eines Abtastsystems mit digitalem Filter

Beachte: Obwohl das diskrete System bzw. das Abtastsystem streng zeitinvariant und das digitale Filter sogar nichtlinear ist, kann in der systemtheoretischen Betrachtung das Verzweigungsnetzwerk mit idealem Verzögerungsglied als Grundsystem zur Modellierung der idealisierten Eigenschaft dienen.

Anmerkung. Unter Beibehaltung des anschaulichen Modells „Verzweigungsnetzwerk mit Verzögerungselement" ist eine Ausdehnung des Begriffes lineares System auf die Klasse der linearen digitalen Systeme (genauer lineare synchrone initiale Automaten) möglich. Das digitale Signal muß durch Elemente aus einem endlichen Zahlenkörper dargestellt werden, dementsprechend sind die Operationen Multiplikation und Addition zu definieren. Im einfachsten und technisch wichtigsten Fall der Binärsignale sind das Multiplikation modulo 2 (Konjunktion) und Addition modulo 2 (Antivalenz). Der Realisierung einer kanonischen Struktur entspricht das rückgekoppelte Schieberegister. (Einzelheiten dieser digitalen Systemtheorie s. [20, 21].)

2. Systemtheorie für stochastische Signale

Wie bereits einleitend erläutert, kann Information nur mit nicht vorhersagbaren Signalen übertragen werden. Störungen sind (theoretisch) nur dann gravierend, wenn sie zufälligen Charakter tragen. Beschreibung und Entwurf von Systemen sind daher dem Problem der Informationsübertragung besser angepaßt, wenn zufällige Signale vorausgesetzt werden.

Die anschließende Darstellung beschränkt sich auf Signale, die durch die Klasse der stationären ergodischen Prozesse modelliert werden, und auf lineare Systeme. Die Beschreibung im Zeit- und Frequenzbereich mittels Korrelationstheorie und FOURIER-Transformation ergibt einfache Zusammenhänge, die als Verallgemeinerung der für determinierte Signale gefundenen Gesetze gedeutet werden können. Auf die Darlegung wahrscheinlichkeitstheoretischer Grundlagen (s. z. B. [22][30]) wird weitgehend verzichtet.

2.1. Signaltheorie stochastischer Vorgänge

2.1.1. Stochastischer Prozeß

Ereignisse werden als *zufällig* bezeichnet, wenn deren ursächliche Verknüpfungen zu anderen Gegebenheiten derart kompliziert sind, daß eine explizite Darstellung des Kausal-Zusammenhangs nicht möglich oder unzweckmäßig ist. Ein *stochastischer Prozeß* ist das mathematische Modell physikalischer Größen, wenn diese in Abhängigkeit von der *Zeit* zufällige Werte annehmen. Im allgemeinen wird der Prozeß durch beliebig viele zugleich in der Zeit t ablaufende Vorgänge gebildet (s. Abb. 2.1). Die einzelnen Vorgänge heißen *Realisierungen* und werden als Funktionen notiert (Zufallsfunktionen): $x_{(\nu)}t$ bezeichnet die ν-te Realisierung einer Zufallsgröße X, deren Werte x der Zeit t zugeordnet sind. Zufallsgröße X und

Zeit t werden (zunächst) als kontinuierlich vorausgesetzt (d. h., x und t sind überabzählbar unendlich vieler Werte fähig). Die Gesamtheit der Realisierungen, die den Prozeß bilden, wird *Ensemble* genannt.

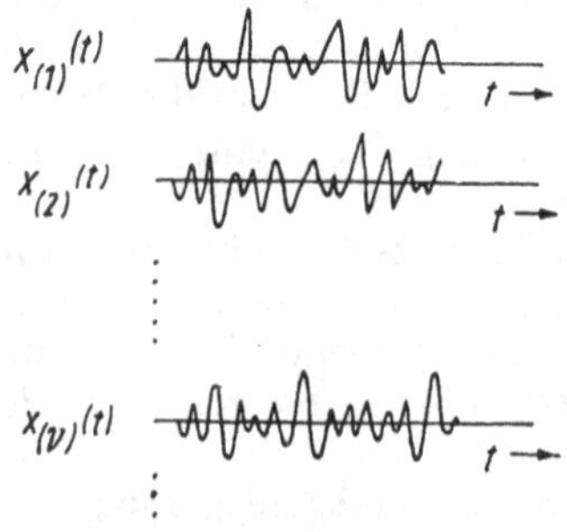

Abb. 2.1. Stochastischer Prozeß

Experimentell vorstellbar ist ein stochastischer Prozeß z. B. durch gleichzeitige Beobachtung thermischer Rauschspannungen an unendlich vielen ohmschen Widerständen.

Stationarität. Ein stochastischer Prozeß ist stationär, wenn die ihn beschreibenden statistischen Parameter zeitinvariant sind, d. h. bei beliebiger Wahl des Zeitursprungs unveränderlich sind. Stationarität im weiteren Sinne verlangt nur die Zeitinvarianz der ein- und zweidimensionalen Verteilungsfunktionen der für ausgewählte Zeitpunkte t betrachteten Zufallsgrößen. Nur diese wird bei den weiteren Betrachtungen vorausgesetzt.

Ergodizität. Ein stochastischer Prozeß ist ergodisch, wenn die durch *Ensemblemittelung* zu beliebigen festen Zeitpunkten gewonnenen statistischen Parameter mit den durch *Zeitmittelung* an *einer* beliebigen Realisierung ermittelten übereinstimmen. Voraussetzung für Ergodizität ist Stationarität. Bei den künftig betrachteten Vorgängen soll Ergodizität vorausgesetzt werden, d. h., anstelle des gesamten Ensembles genügt eine Realisierung $x(t)$, um die interessierenden Parameter zu ermitteln (was auch den technischen Möglichkeiten entspricht.)

Mittelwerte. X bezeichne eine Zufallsgröße, $E[X]$ deren Erwartungswert. Für den ergodischen Prozeß, charakterisiert durch die Zufallsfunktion $x(t)$, gilt

$$E[X] = \lim_{T\to\infty} \frac{1}{T} \int_{t_0}^{t_0+T} x(t)\,\mathrm{d}t, \quad t_0 \text{ beliebig (reell)}. \tag{2.1}$$

Für derartige Ausdrücke wird künftig kurz notiert

$$\lim_{T\to\infty} \frac{1}{T} \int_{t_0}^{t_0+T} \cdots = \lim_{T\to\infty} \frac{1}{T} \int_{T} \cdots.$$

Die Existenz des Grenzwertes wird vorausgesetzt. Über theoretische Grundlagen stochastischer Prozesse und den Integralbegriff s. z. B. [22]. $E[X]$ ist der *lineare Mittelwert*, bezeichnet durch m_1, als zeitlicher Mittelwert auch durch $\overline{x(t)}$ ausgedrückt:

$$m_1 = E[X] = \overline{x(t)} = \lim_{T\to\infty} \frac{1}{T} \int_{T} x(t)\,\mathrm{d}t. \tag{2.2}$$

Ein stochastischer Prozeß, dessen „Gleichanteil" m_1 verschwindet, heißt *zentrierter Prozeß*. (Von diesem soll bei den späteren Betrachtungen vorzugsweise ausgegangen werden.) Der *quadratische Mittelwert* m_2 (gewöhnliches Moment 2. Ordnung) ist

$$m_2 = E[X^2] = \overline{x^2(t)} = \lim_{T\to\infty} \frac{1}{T} \int_{T} x^2(t)\,\mathrm{d}t. \tag{2.3}$$

Der quadratische Mittelwert μ_2 der Zufallsgröße ohne „Gleichkomponente" heißt *Varianz* oder *Dispersion* (Zentralmoment 2. Ordnung):

$$\begin{aligned} \mu_2 &= E[(X - E[X])^2] = \overline{\left(x(t) - \overline{x(t)}\right)^2} \\ &= \lim_{T\to\infty} \frac{1}{T} \int_{T} \left(x(t) - m_1\right)^2 \mathrm{d}t. \end{aligned} \tag{2.4}$$

μ_2 ist das Quadrat der Standardabweichung oder Streuung σ, d. h. $\sigma = \sqrt{\mu_2}$.

Die Quadrate von Amplituden werden im (technischen) systemtheoretischen Sinne als *Leistung* bezeichnet.

Wenn $x(t)$ Spannung am reellen Widerstand 1Ω (oder Strom durch den Widerstand 1Ω) bedeutet, ist $x^2(t)$ zahlenmäßig gleich der Momentanleistung im physikalischen Sinne.

Bezeichnet man m_2 als (mittlere) Gesamtleistung, μ_2 als Wechselleistung (in Anlehnung an die Wechselstromlehre) und $m_1{}^2$ als Gleichleistung, entsteht der Merksatz (vgl. Gl. 2.4)

|| Gesamtleistung = Wechselleistung + Gleichleistung.

Als Effektivwert x_{eff} wird bezeichnet $x_{\text{eff}} = \sqrt{m_2} = \sqrt{\overline{x^2(t)}}$. x_{eff} ist nur bei verschwindender Gleichkomponente identisch mit der Standardabweichung σ.

2.1.2. *Autokorrelations- und zugehörige Spektralfunktionen*

Autokorrelationsfunktion. Ein Maß für die (lineare) statistische Abhängigkeit zweier Momentanwerte im zeitlichen Abstand τ der reellen Zufallsfunktion $x(t)$ ist die *Autokorrelationsfunktion* (AKF) $\psi_{xx}(\tau)$.

$$\psi_{xx}(\tau) = \lim_{T\to\infty} \frac{1}{T} \int_T x(t)\, x(t+\tau)\, \mathrm{d}t. \tag{2.5}$$

Einen typischen Verlauf der AKF zeigt Abb. 2.2.

Eigenschaften der AKF. $\psi_{xx}(\tau)$ ist eine *stetige* Funktion, falls sie in $\tau = 0$ stetig ist. (Stetigkeit im Punkt $\tau = 0$ ist hinreichend dafür, daß $x(t)$ ein stetiger Vorgang ist.) Die AKF ist eine determinierte aperiodische Funktion in τ.

Weiterhin gilt:

1. $\psi_{xx}(\tau) = \psi_{xx}(-\tau)$ (gerade Funktion),

2. $\psi_{xx}(0) = m_2$ (= mittlere Leistung des Vorganges $x(t)$),
3. $|\psi_{xx}(\tau)|_{\tau \neq 0} < \psi_{xx}(0)$ (Maximum von ψ_{xx} bei $\tau = 0$, Betrag von $\psi_{xx}(\tau)$ beschränkt),
4. $\psi_{xx}(\pm\infty) = m_1^2 \geqq 0$ (= Leistung der Gleichkomponente).

Je größer die mittlere zeitliche Veränderlichkeit der Zufallsfunktion $x(t)$ ist, desto schmaler ist die AKF.

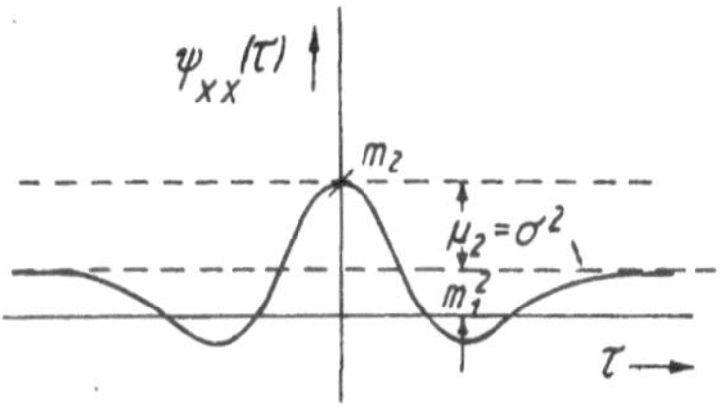

Abb. 2.2. Autokorrelationsfunktion

AKF periodischer Zeitfunktionen. Periodische determinierte Zeitfunktionen $u_p(t)$ lassen sich als stochastischer Prozeß auffassen, wenn den Realisierungen $x_\nu(t)$ des Prozesses Funktionen $u_p(t - t_0)$ mit zufälligem Verschiebungsparameter t_0 (gleichverteilt) zugeordnet werden, d. h. $x_\nu(t) = u_p(t - t_{0\nu})$. Für diesen Sonderfall eines stationären ergodischen Prozesses erhält man die AKF gemäß Gl. 2.5 mit $T = nt_p$, t_p = Periode von $u_p(t)$, in der modifizierten Form

$$\psi_{pp}(\tau) = \frac{1}{nt_p} \int\limits_{nt_p} u_p(t)\, u_p(t + \tau)\, \mathrm{d}t, \quad n > 0, \quad \text{ganz.} \qquad (2.6)$$

Beispiel s. Abb. 2.3. Die AKF periodischer Zeitfunktionen ist ebenfalls *periodisch* mit der Periodendauer des Originalvorganges t_p. Wie bei stochastischen Signalen ist $\psi_{pp}(\tau)$ gerade und $\psi_{pp}(0)$ ist die mittlere Leistung.

Für die additive Überlagerung eines periodischen mit einem unabhängigen stochastischen Signal ergibt sich die AKF

$$\psi(\tau) = \psi_{xx}(\tau) + \psi_{pp}(\tau),$$

wobei eine Gleichkomponente nur einem der beiden Signale zugeordnet werden darf, sinnvollerweise dem periodischen.

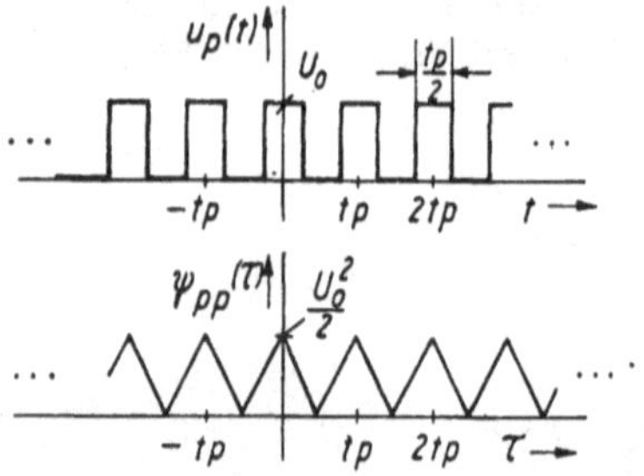

Abb. 2.3. AKF einer periodischen Rechteckschwingung

AKF aperiodischer Zeitfunktionen. Eine aperiodische determinierte Zeitfunktion $u(t)$ ist kein stationärer Vorgang, eine AKF zur Beschreibung der zeitlichen Erhaltungstendenz kann daher kein Mittelwert sein. Die AKF ist definiert zu

$$\psi_{uu}(\tau) = \int_{-\infty}^{+\infty} u(t)\, u(t+\tau)\, \mathrm{d}t. \tag{2.7}$$

Ein Beispiel zeigt Abb. 2.4. Die AKF ist wie die Zeitfunktion selbst *aperiodisch*. Wie für $\psi_{xx}(\tau)$ gilt

$$\psi_{uu}(\tau) = \psi_{uu}(-\tau), \quad |\psi_{uu}(\tau)|_{\tau \neq 0} < \psi_{uu}(0).$$

Der Funktionswert $\psi_{uu}(0)$ ist die *Energie* des Vorganges (im systemtheoretischen Sinne).

Spektralfunktionen. Die FOURIER-Transformierte der AKF eines stochastischen Signals ist die *spektrale Lei-*

stungsdichte $\Psi_{xx}(f)$:

$$\Psi_{xx}(f) = \int_{-\infty}^{+\infty} \psi_{xx}(\tau)\, e^{-j2\pi f\tau}\, d\tau, \tag{2.8}$$

$$\| \; \Psi_{xx}(f) \bullet\!\!-\!\!\circ\; \psi_{xx}(\tau).$$

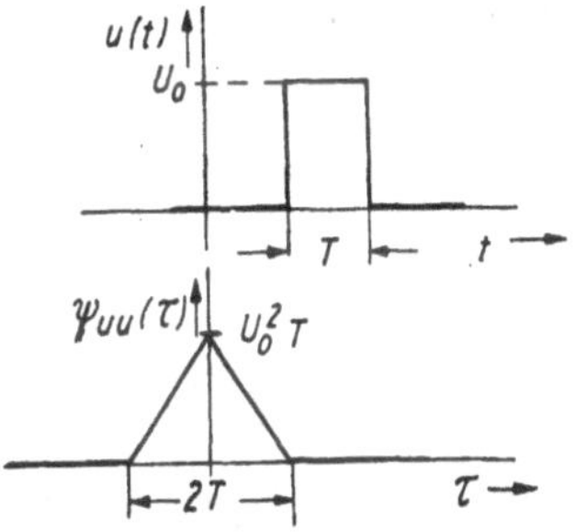

Abb. 2.4. AKF einer aperiodischen Rechteckfunktion

Mit den beschriebenen Eigenschaften der AKF kann $\Psi_{xx}(f)$ als existent vorausgesetzt und als Grenzwert von Amplitudendichte-Betragsquadraten zeitlich begrenzter Realisierungen $x_T(t)$ des Vorganges $x(t)$ aufgefaßt werden:

$$\Psi_{xx}(f) = \lim_{T\to\infty} \frac{1}{T} |X_T(f)|^2 \quad \text{mit} \quad X_T(f) \bullet\!\!-\!\!\circ\; x_T(t).$$

Dieser Zusammenhang zwischen AKF und spektraler Leistungsdichte wird als Theorem von CHINTSCHIN und WIENER bezeichnet.

Eigenschaften:

1. $m_2 = \psi_{xx}(0) = \int_{-\infty}^{+\infty} \Psi_{xx}(f)\, df$ (mittlere Leistung gleich Gesamtfläche unter $\Psi_{xx}(f)$),

2. $\Psi_{xx}(f) \geqq 0$,

3. $\Psi_{xx}(f) = \Psi_{xx}(-f)$.

Da $\psi_{xx}(\tau)$ reell und gerade ist, muß auch $\Psi_{xx}(f)$ diese Eigenschaft haben.

Idealfall breitbandiger zufälliger Zeitfunktionen ist der Vorgang mit konstanter spektraler Leistungsdichte $\Psi_{xx}(f) = \Psi_0$, der als *weißes Rauschen* bezeichnet wird. Die AKF entartet zu einem Stoß $\psi_{xx}(\tau) = \Psi_0\delta(\tau)$, d. h., beliebig dicht benachbarte Funktionswerte sind nicht korreliert. Weißes Rauschen mit unendlicher Bandbreite ist physikalisch nicht realisierbar (die Gesamtleistung wäre unendlich).

In gleicher Weise kann auch der *periodischen determinierten* Zeitfunktion $u_p(t)$ eine spektrale Leistungsdichte als FOURIER-Transformierte der AKF zugeordnet werden:

$$\Psi_{pp}(f) \bullet\!\!-\!\!\circ\, \psi_{pp}(\tau). \tag{2.9}$$

Da $\psi_{pp}(\tau)$ periodisch, stellt $\Psi_{pp}(f)$ eine (gerade) Folge äquidistanter Stöße im Abstand $f_0 = 1/t_p$ dar.

Sonderfall: Die Leistungsdichte der Konstanten $u_p(t) = c_0$ ist ein Stoß bei $f = 0$, $\Psi_{pp}(f) = c_0{}^2\delta(f) \bullet\!\!-\!\!\circ\, \psi_{pp}(\tau) = c_0{}^2$.

Aus der FOURIER-Transformierten des Originalvorganges folgt die Leistungsdichte gemäß

$$\begin{aligned} u_p(t) &\circ\!\!-\!\!\bullet \sum_{n=-\infty}^{+\infty} c_n\delta(f - nf_0), \\ \psi_{pp}(\tau) &\circ\!\!-\!\!\bullet \sum_{n=-\infty}^{+\infty} |c_n|^2\, \delta(f - nf_0) = \Psi_{pp}(f). \end{aligned} \tag{2.10}$$

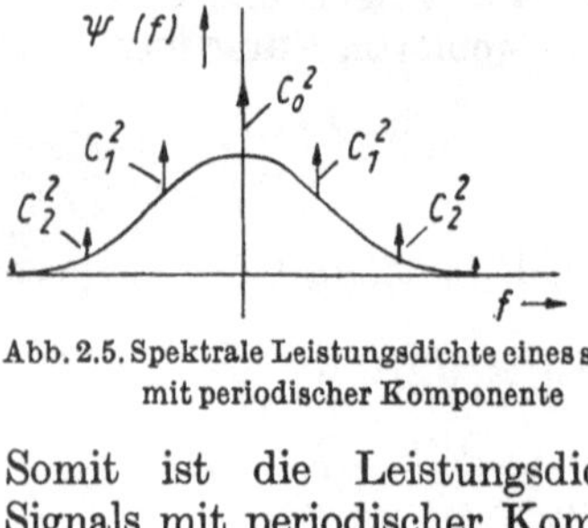

Abb. 2.5. Spektrale Leistungsdichte eines stochastischen Signals mit periodischer Komponente

Somit ist die Leistungsdichte eines stochastischen Signals mit periodischer Komponente durch die Summe einer aperiodischen stetigen Funktion und einer Folge äquidistanter Stöße gekennzeichnet (vgl. Abb. 2.5).

Beachte: Nicht ein endlicher Funktionswert bei $f = 0$, sondern ein Stoß $\left(c_0^2\delta(f)\right)$ kennzeichnet in der Leistungsdichtefunktion einen Gleichanteil des stochastischen Signals.

Die FOURIER-Transformierte $\Psi_{uu}(f)$ der AKF $\psi_{uu}(\tau)$ einer aperiodischen determinierten Zeitfunktion wird als *spektrale Energiedichte* bezeichnet. Sie hat die gleichen Eigenschaften wie die spektrale Leistungsdichte. Amplituden- und Energiedichte sind miteinander verknüpft:

$$\begin{aligned} u(t) &\circ\!\!-\!\!\bullet\ U(f), \\ \psi_{uu}(\tau) &\circ\!\!-\!\!\bullet\ |U(f)|^2 = \Psi_{uu}(f). \end{aligned} \tag{2.11}$$

Theorem von Parseval. Der Zusammenhang der FOURIER-Transformierten von Original-Zeitfunktion und AKF im Falle der determinierten Signale $u_p(t)$ und $u(t)$ führt zum Theorem von PARSEVAL. Es gilt für die

mittlere Leistung periodischer Zeitfunktionen $\psi_{pp}(0)$:

$$\frac{1}{t_p} \int_{t_p} u_p^2(t)\, \mathrm{d}t = \sum_{n=-\infty}^{+\infty} |c_n|^2,$$

Energie aperiodischer Zeitfunktionen $\psi_{uu}(0)$:

$$\int_{-\infty}^{+\infty} u^2(t)\, \mathrm{d}t = \int_{-\infty}^{+\infty} |U(f)|^2\, \mathrm{d}f \tag{2.12}$$

2.1.3. *Kreuzkorrelations- und zugehörige Spektralfunktionen*

Kreuzkorrelationsfunktion. Im Gegensatz zur AKF ist die Kreuzkorrelationsfunktion (KKF) ein Maß für die statistische Abhängigkeit *zweier* Zufallsfunktionen $x(t)$ und $y(t)$, die Reálisierungen verschiedener Prozesse X und Y bilden.

$$\psi_{xy}(\tau) = \lim_{T\to\infty} \frac{1}{T} \int_T x(t) \cdot y(t+\tau)\, \mathrm{d}t. \tag{2.13}$$

Eigenschaften der KKF. Die KKF ist eine aperiodische, nicht notwendig gerade Funktion. Es gilt

1. $\psi_{xy}(\tau) = \psi_{yx}(-\tau)$,
2. $\psi_{xy}(\pm\infty) = 0$, falls X oder Y ohne Gleichanteil,
3. $\psi_{xx}(0) + \psi_{yy}(0) > 2\,|\psi_{xy}(\tau)|$.

KKF periodischer Zeitfunktionen. Unter der Voraussetzung gleicher Periode t_p zweier periodischer determinierter Zeitfunktionen gilt, wiederum als Sonderfall von Gl. 2.13,

$$\psi_{p1p2}(\tau) = \frac{1}{t_p}\int\limits_{t_p} u_{p1}(t)\, u_{p2}(t+\tau)\,\mathrm{d}t. \tag{2.14}$$

Die KKF ist periodisch mit der Periode t_p.

KKF aperiodischer Zeitfunktionen. Als Verallgemeinerung der AKF aperiodischer determinierter Zeitfunktionen entsteht

$$\psi_{12}(\tau) = \int\limits_{-\infty}^{+\infty} u_1(t)\cdot u_2(t+\tau)\,\mathrm{d}t. \tag{2.15}$$

Die KKF ist eine aperiodische Funktion und hat die gleichen Eigenschaften wie die KKF des stochastischen Signals, wobei $\psi_{12}(\pm\infty) = 0$ nur gilt, wenn beide Zeitfunktionen für $t = \pm\infty$ verschwinden.

Korrelation und Faltung sind wie folgt miteinander verknüpft. Mit $\varrho_{12}(\tau) = \int\limits_{-\infty}^{+\infty} u_1(t)\cdot u_2(\tau - t)\,\mathrm{d}t = u_1(\tau) * u_2(\tau)$, wobei $\varrho_{12} = \varrho_{21}$, gilt

$$\psi_{12}(\tau) = u_1(-\tau) * u_2(\tau),$$

insbesondere auch

$$\psi_{12}(\tau) = \varrho_{12}(\tau), \text{ falls } u_1(t) \text{ gerade},$$

$$\psi_{21}(\tau) = \varrho_{12}(\tau), \text{ falls } u_2(t) \text{ gerade}.$$

Spektralfunktionen der KKF. Die FOURIER-Transformierte der KKF wird im Falle des stochastischen und des periodischen Signals als *Kreuzleistungsdichte*, im Falle des aperiodischen Signals als *Kreuzenergiedichte* bezeichnet. Für die beiden determinierten Signalarten existieren Zusammenhänge zu den Spektralfunktionen der Originalsignale wie folgt:

Periodische Zeitfunktionen	Aperiodische Zeitfunktionen
$u_{p1}(t) \circ\!\!-\!\!\bullet \sum_{\mu=-\infty}^{+\infty} C_{\mu 1}\delta(f - \mu f_0)$	$u_1(t) \circ\!\!-\!\!\bullet U_1(f)$
$u_{p2}(t) \circ\!\!-\!\!\bullet \sum_{\mu=-\infty}^{+\infty} C_{\mu 2}\delta(f - \mu f_0)$	$u_2(t) \circ\!\!-\!\!\bullet U_2(f)$
$\psi_{p1p2}(\tau) \circ\!\!-\!\!\bullet \sum_{\mu=-\infty}^{+\infty} C_{\mu 1}^* C_{\mu 2} \times \delta(f - \mu f_0) = \Psi_{p1p2}(f)$	$\psi_{12}(\tau) \circ\!\!-\!\!\bullet U_1^*(f) \cdot U_2(f) = \Psi_{12}(f)$ (2.16)

Anmerkung. Teilweise werden in der Literatur AKF und KKF anders definiert, so gilt z. B. in [23, 24]

$$\psi_{1xy}(\tau) = \overline{x(t) \cdot y(t - \tau)} = \psi_{xy}(-\tau),$$

$$\psi_{1xx}(\tau) = \overline{x(t) \cdot x(t - \tau)} = \psi_{xx}(\tau).$$

Bei der AKF hat die Vorzeichenumkehr von τ keine Auswirkungen, da sie eine gerade Funktion ist. Bei der KKF geht τ in $-\tau$ über entsprechend einer Spiegelung an der Ordinate.

Unabhängigkeit und Orthogonalität. Zwei Zufallsvariable X und Y sind *statistisch unabhängig*, wenn sich ihre Verbundwahrscheinlichkeitsdichte $p(x, y)$ aus dem Produkt der Wahrscheinlichkeitsdichten $p_x(x)$ und $p_y(y)$ ergibt.

$$p(x, y) = p_x(x) \cdot p_y(y). \tag{2.17}$$

Orthogonal sind zwei Zufallsvariable X und Y, wenn gilt

$$E[X \cdot Y] = 0. \tag{2.18}$$

Zwei ergodische Prozesse heißen orthogonal, wenn (in Verallgemeinerung obiger Bedingung) die KKF identisch verschwindet, d. h.

$$\psi_{xy}(\tau) \equiv 0 .$$

Das entspricht dem Sonderfall *linearer Unabhängigkeit*. Bei orthogonalen Zufallsvariablen gilt insbesondere

$$E[(X + Y)^2] = E[X^2] + E[Y^2], \tag{2.20}$$

demzufolge bei orthogonalen Prozessen für die Summe $z(t) = x(t) + y(t)$:

$$\psi_{zz}(0) = \psi_{xx}(0) + \psi_{yy}(0) . \tag{2.21}$$

Unabhängigkeit zweier Prozesse, von denen mindestens einer zentriert ist ($E[\cdot] = 0$), ist eine hinreichende Bedingung für Orthogonalität. Die Umkehrung gilt nur für normalverteilte Prozesse.

Als *unkorreliert* werden auch Prozesse bezeichnet, für die gilt

$$\psi_{xy}(\tau) = E[X] \cdot E[Y] . \tag{2.22}$$

Bei Verschwinden mindestens eines linearen Mittel wertes liegt Orthogonalität der unkorrelierten Prozesse vor.

2.1.4. Polaritätskorrelation

Anstelle der Originalsignale bei den bisher betrachteten Korrelationsfunktionen wird bei der *Polaritätskorrelation* nur die Polarität der zufälligen Zeitfunktionen verwendet (vgl. Abb. 2.6). Die Polaritäts-KKF und -AKF *zentrierter* ergodischer Prozesse sind definiert zu

$$\begin{aligned} \psi_{P(xy)}(\tau) &= \lim_{T\to\infty} \frac{1}{T} \int_T \operatorname{sgn} x(t) \cdot \operatorname{sgn} y(t+\tau)\, \mathrm{d}t , \\ \psi_{P(xx)}(\tau) &= \lim_{T\to\infty} \frac{1}{T} \int_T \operatorname{sgn} x(t) \cdot \operatorname{sgn} x(t+\tau)\, \mathrm{d}t . \end{aligned} \tag{2.23}$$

Sonderfall 1: $x(t)$, $y(t)$ *binäre Signale,* zentriert: $x(t) = \pm U_{x0}$, $y(t) = \pm U_{y0}$ mit zufälligen Polaritätswechseln. Da in diesem Fall $\operatorname{sgn} x(t) \sim x(t)$ sowie $\operatorname{sgn} y(t) \sim y(t)$ ($\sim$ = Proportionalitätszeichen), gilt mit $\psi_{xx}(0) = U_{x0}^2$; $\psi_{yy}(0) = U_{y0}^2$ für KKF und AKF

$$\begin{aligned} \psi_{P(xy)}(\tau) &= \frac{1}{\sqrt{\psi_{xx}(0)\,\psi_{yy}(0)}} \cdot \psi_{xy}(\tau), \\ \psi_{P(xx)}(\tau) &= \frac{1}{\psi_{xx}(0)} \cdot \psi_{xx}(\tau). \end{aligned} \tag{2.24}$$

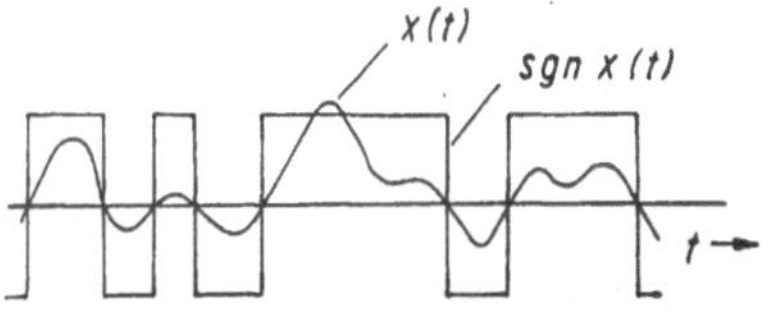

Abb. 2.6. Polarität einer zufälligen Zeitfunktion

Die Ausdrücke auf den rechten Seiten der Beziehungen 2.24 werden auch als *normierte* KKF bzw. AKF bezeichnet. Somit gilt

Für binäre zentrierte Prozesse sind Polaritäts- und normierte Korrelationsfunktionen identisch.

Sonderfall 2: $x(t)$, $y(t)$ *normalverteilt,* zentriert:

Normalverteilung. Ein zentrierter ergodischer Prozeß X ist normalverteilt (GAUSS-Prozeß), wenn er durch folgende Verbundwahrscheinlichkeitsdichte (zweidimensionale Dichtefunktion) der im zeitlichen Abstand τ entnommenen Proben einer Realisierung $x_1 = x(t)$, $x_2 = x(t + \tau)$ beschrieben wird:

$$p(x_1, x_2, \tau) = \frac{1}{2\pi\sqrt{\psi_{xx}^2(0) - \psi_{xx}^2(\tau)}} \exp - \left(\frac{\psi_{xx}(0)\,(x_1^2 + x_2^2) - 2\psi_{xx}(\tau)\,x_1 x_2}{2[\psi_{xx}^2(0) - \psi_{xx}^2(\tau)]}\right). \tag{2.25}$$

Das ist die komplette Beschreibung des Prozesses, die somit durch die AKF $\psi_{xx}(\tau)$ gegeben ist.

Für die eindimensionale Wahrscheinlichkeitsdichte gilt bei Normalverteilung

$$p(x) = \frac{1}{\sqrt{2\pi\psi_{xx}(0)}} \exp - \left(\frac{x^2}{2\psi_{xx}(0)}\right). \tag{2.26}$$

Gauss-Prozesse haben besondere theoretische und praktische Bedeutung. Das thermische Rauschen (Widerstandsrauschen) ist z. B. normalverteilt.

Zwischen Polaritätskorrelationsfunktionen und Korrelationsfunktionen bestehen die Beziehungen

$$\begin{aligned} \sin\left[\frac{\pi}{2} \cdot \psi_{P(xy)}(\tau)\right] &= \frac{1}{\sqrt{\psi_{xx}(0) \cdot \psi_{yy}(0)}} \cdot \psi_{xy}(\tau), \\ \sin\left[\frac{\pi}{2}\, \psi_{P(xx)}(\tau)\right] &= \frac{1}{\psi_{xx}(0)}\, \psi_{xx}(\tau). \end{aligned} \tag{2.27}$$

Bei normalverteilten zentrierten Prozessen sind Polaritäts- und normierte Korrelationsfunktionen durch die Sinusfunktion verknüpft.

Diese Beziehungen sind technisch sehr wichtig, weil sie gestatten, Korrelationsfunktionen normalverteilter Vorgänge durch (möglichst ideale) Begrenzung und anschließende *digitale* Verarbeitung (Verzögerung, Multiplikation), also mit einfach zu realisierenden Anordnungen zu ermitteln (vgl. z. B. [24, 25]).

Die Polaritätskorrelation wird auch als zweiseitige Relaiskorrelation bezeichnet. Bei der Relaiskorrelation (oder *einseitigen Polaritätskorrelation*) wird nur einer der beiden Originalvorgänge der idealen Begrenzung durch die Signumfunktion unterworfen. Es gilt

$$\begin{aligned} \psi_{xP(y)}(\tau) &= \lim \frac{1}{T} \int_T x(t) \operatorname{sgn} y(t+\tau)\, dt, \\ \psi_{xP(x)}(\tau) &= \lim \frac{1}{T} \int_T x(t) \operatorname{sgn} x(t+\tau)\, dt. \end{aligned} \tag{2.28}$$

Für GAUSS-Prozesse gilt der Zusammenhang

$$\begin{aligned} \psi_{xP(y)}(\tau) &= \sqrt{\frac{2}{\pi}\,\frac{1}{\psi_{yy}(0)}}\cdot\psi_{xy}(\tau), \\ \psi_{xP(x)}(\tau) &= \sqrt{\frac{2}{\pi}\,\frac{1}{\psi_{xx}(0)}}\cdot\psi_{xx}(\tau). \end{aligned} \tag{2.29}$$

Mit dem linearen Mittelwert der Betragsfunktion des zentrierten Vorgangs $\lim \frac{1}{T}\int\limits_T |x(t)|\,\mathrm{d}t = \overline{|x(t)|} = \sqrt{\frac{2}{\pi}\,\psi_{xx}(0)}$ bei Normalverteilung gilt gemäß Gl. 2.29 auch

$$\frac{\psi_{xP(y)}(\tau)}{\overline{|x(t)|}} = \frac{\psi_{xy}(\tau)}{\sqrt{\psi_{xx}(0)\,\psi_{yy}(0)}},$$

d. h., normierte *Relais*korrelationsfunktion und normierte Korrelationsfunktion sind bei normalverteilten Vorgängen identisch.

2.1.5. Abgetastete stochastische Vorgänge

Wie bei den determinierten Signalen wird die Abtastung als Multiplikation mit einer periodischen Stoßfolge aufgefaßt. Das Modell des stochastischen Prozesses ist (in verallgemeinerter Form) anwendbar, wenn den einzelnen Realisierungen Stoßfolgen mit zufälligen gleichverteilten Phasenlagen zugeordnet werden (vgl. AFK des periodischen Vorganges).

Mit dem formalen Abtastoperator A, erklärt durch

$$A\{x(t)\} = x(t)\cdot t_0\cdot\sum_{n=-\infty}^{+\infty}\delta(t-nt_0), \tag{2.30}$$

ergibt sich die KKF der abgetasteten Vorgänge $A\{x(t)\}$, $A\{y(t)\}$

$$\psi_{A(xy)}(\tau) = \lim_{T\to\infty}\frac{1}{T}\int\limits_T A\{x(t)\}\cdot A\{y(t+\tau)\}\,\mathrm{d}t. \tag{2.31}$$

mit $A\{y(t+\tau)\} = y(t+\tau) \cdot t_0 \sum_{n=-\infty}^{+\infty} \delta(t+\tau-nt_0)$

zu

$$\psi_{A(xy)}(\tau) = \psi_{xy}(\tau) \cdot t_0 \sum_{n=-\infty}^{+\infty} \delta(\tau - nt_0) = A\{\psi_{xy}(\tau)\} \tag{2.32}$$

bzw.

$$\psi_{A(xx)}(\tau) = \psi_{xx}(\tau)\, t_0 \sum_{n=-\infty}^{+\infty} \delta(\tau - nt_0) = A\{\psi_{xx}(\tau)\}.$$

Somit gilt:

Die Korrelationsfunktionen der Abgetasteten kontinuierlicher Zufallszeitfunktionen sind gleich der Abgetasteten der Originalkorrelationsfunktion.

Abtastung im Zeitbereich bewirkt Periodifizierung im Frequenzbereich, so daß mit dem früher eingeführten Periodifizierungsoperator P

$$P\{\Psi(f)\} = \sum_{\nu=-\infty}^{+\infty} \Psi(f - \nu f_p); \quad f_p = \frac{1}{t_0}, \tag{2.33}$$

die Auswirkung einer Abtastung zufälliger Zeitfunktionen auf Korrelations- und Spektralfunktionen in der Kurz- und Merkform zusammengefaßt werden kann:

Abtastung von $x(t)$ und $y(t)$ entspricht Abtastung von $\psi_{xy}(\tau)$ und Periodifizierung von $\Psi_{xy}(f)$

$$\left.\begin{aligned} &x(t), y(t) \to \psi_{xy}(\tau) ○\!\!-\!\!● \Psi_{xy}(f), \\ &A\{x(t)\}, A\{y(t)\} \to A\{\psi_{xy}(\tau)\} ○\!\!-\!\!● P\{\Psi_{xy}(f)\}. \end{aligned}\right. \tag{2.34}$$

Insbesondere gilt auch für AKF und spektrale Leistungsdichte:

Abtastung von $x(t)$ entspricht Abtastung von $\psi_{xx}(\tau)$ und Periodifizierung von $\Psi_{xx}(f)$

$$\left.\begin{aligned} &x(t) \to \psi_{xx}(\tau) ○\!\!-\!\!● \Psi_{xx}(f), \\ &A\{x(t)\} \to A\{\psi_{xx}(\tau)\} ○\!\!-\!\!● P\{\Psi_{xx}(f)\}. \end{aligned}\right. \tag{2.35}$$

Wegen der vorausgesetzten Stationarität der kontinuierlichen Vorgänge ist die Leistung des Originalsignals (quadratischer Mittelwert) identisch mit dem quadratischen Mittelwert der Abtastwerte, d. h. der Stoßintegrale der abgetasteten Originalfunktion. Man erhält die Leistung $\psi_{xx}(0)$ aus der periodifizierten spektralen Leistungsdichte gemäß

$$\psi_{xx}(0) = \int\limits_{-\infty}^{+\infty} \Psi_{xx}(f)\,\mathrm{d}f = \int\limits_{-\frac{f_p}{2}}^{+\frac{f_p}{2}} \sum_{\nu=-\infty}^{+\infty} \Psi_{xx}(f - \nu f_p)\,\mathrm{d}f$$

$$= \int\limits_{-\frac{f_p}{2}}^{+\frac{f_p}{2}} P\{\Psi_{xx}(f)\}\,\mathrm{d}f. \qquad (2.36)$$

2.1.6. *Anwendungsbeispiel: Korrelationsempfang gestörter periodischer Signale*

Gegeben: $u_e(t) = u_p(t) + x(t)$ (additiv gestörtes Nutzsignal $u_p(t)$).

Voraussetzungen:

1. $u_p(t)$ periodisch, Periode t_p.
2. $x(t)$ Realisierung eines ergodischen Prozesses.
3. $\overline{x(t)} = 0$ (zentrierter Prozeß, somit $\psi_{xx}(\pm\infty) = 0$).

Aufgabe: Trennung von Nutz- und Störsignal.

Anmerkung: Wie bereits erläutert, lassen sich für stochastische und periodische Zeitfunktionen gleiche Zusammenhänge für die Korrelationsfunktion angeben. So gilt für $\psi_{px}(\tau)$:

$$\psi_{px}(\tau) = \lim_{n\to\infty} \frac{1}{nt_p} \int\limits_{nt_p} u_p(t)\,x(t+\tau)\,\mathrm{d}t.$$

Empfang mittels Autokorrelation. Für die AKF $\psi(\tau)$ des Summensignals $u_e(t)$ ergibt sich

$$\begin{aligned}\psi_{ee}(\tau) &= \psi_{pp}(\tau) + \psi_{px}(\tau) + \psi_{xp}(\tau) + \psi_{xx}(\tau)\\ &= \psi_{pp}(\tau) + \psi_{xx}(\tau),\end{aligned} \tag{2.37}$$

wenn zusätzlich $\psi_{px}(\tau) = \psi_{xp}(\tau) \equiv 0$ (Orthogonalität) vorausgesetzt wird. Da wegen Voraussetzung 3 die AKF der Störung $\psi_{xx}(\tau)$ für $\tau \to \infty$ verschwindet, jedoch die AKF des Nutzsignals $\psi_{pp}(\tau)$ periodisch ist, gilt (vgl. Abb. 2.7):

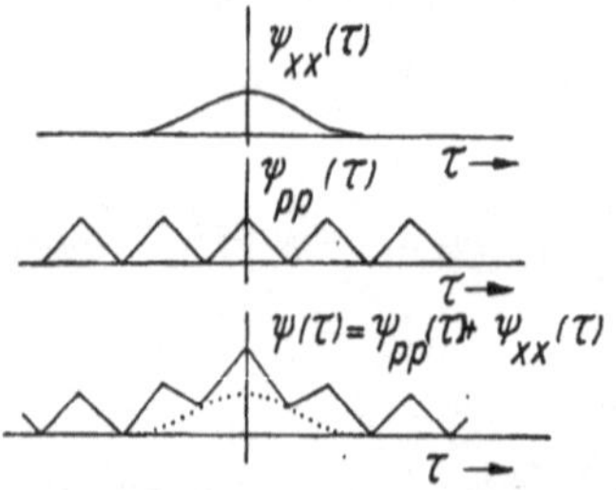

Abb. 2.7. AKF eines gestörten periodischen Signals

Für hinreichend große Werte τ wird das Nutzsignal in Form seiner AKF $\psi_{pp}(\tau)$ eliminiert.

Mit der AKF sind Frequenz und mittlere Leistung des Nutzsignals bekannt, die Phase ist nicht bestimmbar.

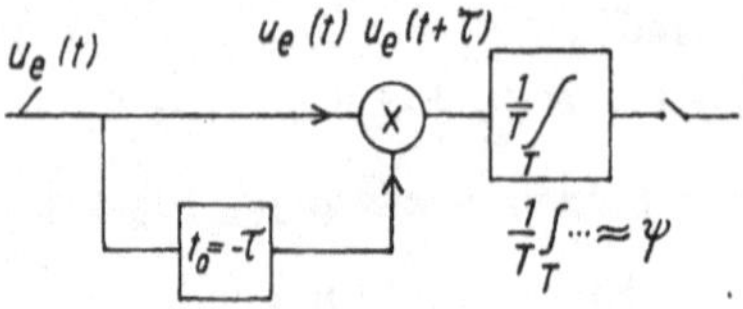

Abb. 2.8. Autokorrelator

Abb. 2.8 zeigt das prinzipielle Blockschaltbild des Autokorrelators, der die Funktionen einstellbare Verzögerung, Multiplikation und Integration realisieren muß.

Beachte: Die AKF wird mit dieser Anordnung punktweise ermittelt, wobei jeweils nach Einstellung der Verzögerungszeit τ eine hinreichend große Integrationszeit T als Meßzeit notwendig ist. Der Fehler infolge endlicher Integrationszeit hängt von der Breite der AKF der Störung ab.

Empfang mittels Kreuzkorrelation. Zusätzliche Voraussetzung: Existenz eines beliebigen periodischen (determinierten) Hilfssignals $u_h(t)$ mit der Periode t_p des Nutzsignals $u_p(t)$, $\psi_{xh}(\tau) \equiv 0$. Als KKF des Summensignals $u_x(t)$ mit dem Hilfssignal entsteht

$$\psi_{eh}(\tau) = \psi_{ph}(\tau) + \psi_{xh}(\tau) = \psi_{ph}(\tau), \tag{2.38}$$

wobei die Orthogonalität von Hilfs- und Störsignal für alle τ berücksichtigt wurde.

Das Nutzsignal wird in Form seiner KKF mit einem (gewählten) Hilfssignal eliminiert.

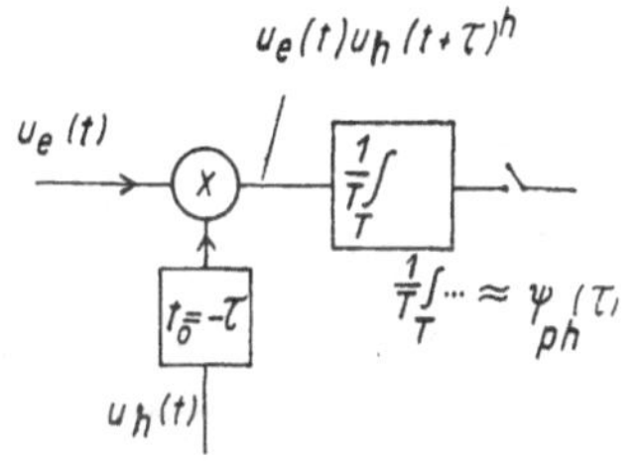

Abb. 2.9. Kreuzkorrelator

Technisch gesehen ist die Erzeugung des phasenstarren, von der Störung unabhängigen Hilfssignals mit Aufwand verbunden und nur näherungsweise lösbar.

In Abb. 2.9 ist das Blockschaltbild des Kreuzkorrelators dargestellt.

Sonderfall: $u_h(t) = t_p \sum_{\mu=-\infty}^{+\infty} \delta(t - \mu t_p)$, d. h. Abtastung des Summensignals mit periodischer Stoßfolge. Die KKF ist in diesem Fall das an der Ordinate gespiegelte Nutzsignal selbst.

$$\psi_{eh}(\tau) = \psi_{ph}(\tau) = u_p(-\tau). \tag{2.39}$$

Kreuzkorrelation mit einer Stoßfolge bewirkt unmittelbare Eliminierung des Nutzsignals in seiner Originalform.

Auch hierbei entsteht die KKF punktweise. Als technische Modifikation kann für das Hilfssignal eine geringe Frequenzabweichung gegenüber dem Nutzsignal gewählt werden, dann ist eine zeitlich gedehnte Aufzeichnung des Nutzsignals am Korrelatorausgang möglich (vgl. a. Prinzip des Sampling-Oszillografen).

2.2. *Übertragung stochastischer Signale über lineare Systeme*

Gegenstand der anschließenden Betrachtung ist das Verhalten linearer Systeme, die mit stochastischen Eingangs-Signalen beaufschlagt werden.

2.2.1. *Zeitinvariante Systeme*

Den Zusammenhang zwischen Eingangszeitfunktion und Ausgangszeitfunktion vermittelt das Faltungsintegral. Wenn jede Realisierung eines stochastischen Prozesses X_1 der gleichen Operation unterworfen wird, entsteht ein neuer Prozeß X_2. Falls X_1 ergodisch ist und die Operation zeitinvariant, ist auch X_2 ergodisch. Das trifft auf das in Abb. 2.10 dargestellte lineare zeitinvariante System mit der Gewichtsfunktion $g(t)$ und dem Übertragungsfaktor $G(f)$ zu. Es gilt

$$x_2(t) = x_1(t) * g(t). \tag{2.40}$$

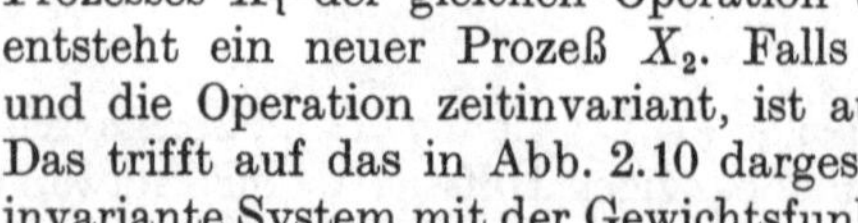

Abb. 2.10. Zeitinvariantes System mit Eingangs- und Ausgangssignal

Autokorrelations- und Spektralfunktionen. Über das Faltungsintegral lassen sich folgende einfache Zusammenhänge herleiten:

$$\psi_{22}(\tau) = \psi_{11}(\tau) * \psi_{gg}(\tau), \quad \Psi_{22}(f) = \Psi_{11}(f) \cdot |G(f)|^2. \tag{2.41}$$

$\psi_{gg}(\tau)$ ist die AKF der aperiodischen Gewichtsfunktion $g(t)$ des Systems.

Der Vergleich mit den Beziehungen für determinierte Signale (Gln. 1.108, 1.109) zeigt, daß Originalfunktionen determinierter Signale und AKF sowie die jeweils zugehörigen Spektralfunktionen einander entsprechen. Beziehungen 2.41 gelten auch für AKF bzw. Leistungs- oder Energiedichte determinierter Signale.

Die mittlere Leistung des Ausgangssignals $\psi_{22}(0)$ erhält man aus Gl. 2.41 zu

$$\overline{x_2^2(t)} = \psi_{22}(0) = \int_{-\infty}^{+\infty} \Psi_{22}(f)\,\mathrm{d}f = \int_{-\infty}^{+\infty} \Psi_{11}(f) \cdot |G(f)|^2\,\mathrm{d}f. \tag{2.42}$$

Beispiel.

Gegeben: Idealer Tiefpaß, Grenzfrequenz f_g, Übertragungsfaktor im Durchlaßbereich $G(f) = G_0 = 1$, Eingangssignal Weißes Rauschen $\Psi_{11}(f) = \Psi_0$.

Gesucht: Mittlere Leistung des Ausgangssignals. Mit Gl. 2.42 entsteht $\psi_{22}(0) = \Psi_0\, 2f_g$. Für den in der Elektronik i. a. genutzten Frequenzbereich stellt ein ohmscher Widerstand eine Quelle für weißes Rauschen dar, wobei gilt: $\Psi_0 = 2k \cdot \vartheta \cdot R$ mit $k = 1{,}38 \times 10^{-23}$ Ws/K (Boltzmann-Konstante), ϑ = absolute Temperatur in K, somit $\psi_{22}(0) = 4\, k\vartheta R f_g$ (Nyquist-Formel).

Zahlenbeispiel: $R = 1$ MΩ, $\vartheta = 293$ K ($\triangleq$ 20 °C); $f_g = 5$ MHz; demzufolge $\Psi_{11}(f) \approx 8 \cdot 10^{-15}\,\mathrm{V^2/Hz}$, $\psi_{22}(0) = U^2_{\mathrm{eff}} \approx 8 \cdot 10^{-8}\,\mathrm{V^2}$ $\triangleq U_{\mathrm{eff}} \approx 0{,}28$ mV.

Falls das Eingangssignal eine Gleichkomponente enthält, ergibt sich die Gleichleistung am Ausgang zu

$$\left(\overline{x_2(t)}\right)^2 = \psi_{22}(\infty) = \psi_{11}(\infty) \cdot G^2(0) = \left(\overline{x_1(t)}\right)^2 \cdot G^2(0). \tag{2.43}$$

Diese Beziehung erhält man auch unmittelbar aus der Beziehung für die Gleichkomponenten selbst.

$$\overline{x_2(t)} = \overline{x_1(t)} \cdot G(0). \tag{2.44}$$

Anwendungsbeispiele. 1. Der Zusammenhang der Gln. 2.41 im Frequenzbereich läßt sich zur meßtechnischen Bestimmung der Leistungsdichte eines Vorganges mittels eines schmalbandigen Bandpasses und Leistungsmessung ausnutzen. Im Falle eines idealen Bandpasses mit der Bandmittenfrequenz f_0 und der (physikalischen) Bandbreite Δf ergibt sich (vgl. a. Abb. 2.11)

$$\Psi_{11}(f_0) \approx \frac{\psi_{22}(0)}{2\Delta f \cdot |G(f_0)|^2}.$$

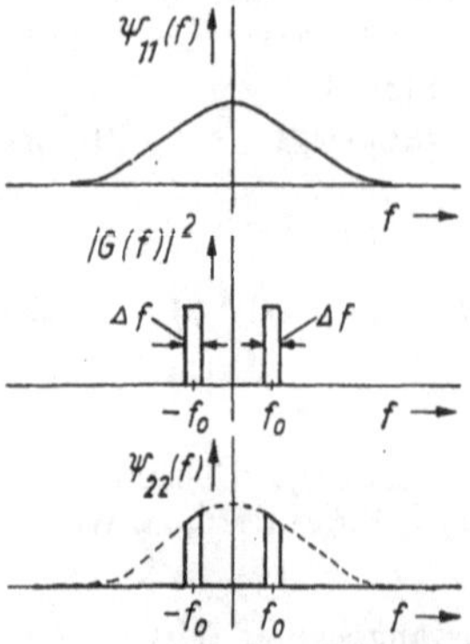

Abb. 2.11. Ermittlung der Leistungsdichte mittels Bandpaß

Beachte: Bei einem realen Bandpaß ist die effektive Bandbreite näherungsweise durch die 6-dB-Grenzfrequenz der Betragsquadrat-Übertragungsfunktion entsprechend der 3-dB-Grenzfrequenz der Übertragungsfunktion bestimmt.

2. Bei jeder Mittelwertbildung, die durch eine technische Anordnung durchzuführen ist, muß die Integration als mathematische Operation nachgebildet werden. In der spektralen Leistungsdichte eines Vorganges bildet sich der lineare Mittelwert als Stoß an der Stelle $f = 0$ ab. Durch Filterung mittels eines beliebigen Tiefpasses möglichst kleiner Grenzfrequenz (im einfachsten Falle RC-Tiefpaß) wird dieser Gleichanteil meßbar. Die Leistung der verbleibenden stochastischen Komponente ist proportional der

Grenzfrequenz (Meßunsicherheit für Gleichkomponente), der Kehrwert der Grenzfrequenz entspricht der Integrationszeit des Integrators.

3. Eine stochastische Impulsfolge, bestehend aus determinierten Elementarimpulsen, die in einem vorgegebenen Zeitraster mit zufälliger Amplitude aufeinanderfolgen, läßt sich als Ausgangssignal eines linearen zeitinvarianten Systems deuten. Sie entsteht aus einer stochastischen *Stoß*folge (mit Stoßintegralen entsprechend den zufälligen Amplituden des Ausgangssignals) und einer Gewichtsfunktion proportional dem Elementarimpuls der Impulsfolge. Durch Anwendung der Gln. 2.41 sind mit diesem Modell AKF und Leistungsdichte zu ermitteln. Eine Impulsfolge aus Elementarimpulsen $u_1(t) \circ\!\!-\!\!\bullet U_1(f)$, die mit zufälliger *Polarität* (Amplitude ± 1) und *unabhängig* aufeinanderfolgen, hat eine erzeugende Stoßfolge mit konstanter Leistungsdichte, daher ist die Leistungsdichte der stochastischen Impulsfolge proportional der Energiedichte $|U_1(f)|^2$ der Elementarimpulse.

Kreuzkorrelation zwischen Ein- und Ausgangssignal. Kreuzkorrelierte $\psi_{12}(\tau)$ und Kreuzleistungsdichte $\Psi_{12}(f)$ von Ein- und Ausgangssignal eines zeitinvarianten Systems ergeben sich zu

$$\begin{aligned} \psi_{12}(\tau) &= \psi_{11}(\tau) * g(\tau), \\ \Psi_{12}(f) &= \Psi_{11}(f) \cdot G(f). \end{aligned} \tag{2.45}$$

Diese Beziehungen stellen wiederum Modifikationen der für determinierte Zeit- und Spektralfunktionen geltenden Zusammenhänge dar. Im Gegensatz zu Beziehung 2.41 spielt hier die Phase der Übertragungsfunktion eine Rolle.

2.2.2. Frequenzinvariante Systeme

Die von frequenzinvarianten Systemen durchgeführte Operation ist im Zeitbereich die Multiplikation mit der Modulationsfunktion $m(t)$,

$$x_2(t) = x_1(t) \cdot m(t). \tag{2.46}$$

Man erkennt unmittelbar, daß bei aperiodischen Modulationsfunktionen das Ausgangssignal nicht mehr stationär ist. Daher beschränken sich die anschließenden Betrachtungen auf *periodische Modulationsfunktionen*, die auch in der Technik vorzugsweise interessieren.

Das Modell des stochastischen Prozesses wird anwendbar, wenn den einzelnen Realisierungen Systeme zugeordnet werden, deren Modulationsfunktionen zufällige Phasenlage haben (gleichverteilt).

Autokorrelations- und Spektralfunktionen. Unter der Voraussetzung, daß $x_1(t)$ und $m(t)$ unabhängig sind, gilt für den Zusammenhang der Ein- und Ausgangsgrößen

$$\begin{aligned} \psi_{22}(\tau) &= \psi_{11}(\tau) \cdot \psi_{mm}(\tau), \\ \Psi_{22}(f) &= \Psi_{11}(f) * \Psi_{mm}(f). \end{aligned} \tag{2.47}$$

Die AKF der periodischen Modulationsfunktion ist periodisch, die FOURIER-Transformierte $\Psi_{mm}(f)$ daher eine Stoßfolge, die eine (i. a. mehrfache) frequenzmäßige Translation der Eingangs-Leistungsdichte $\Psi_{11}(f)$ bewirkt (Modulation!). Anmerkung: Gln. 2.47 gelten auch für stochastische Modulationsfunktionen, sofern sie unabhängig vom Eingangssignal sind.

Kreuzkorrelation zwischen Eingangs- und Ausgangssignal. Wiederum gilt für unabhängige Eingangs- und Modulationsfunktionen

$$\begin{aligned} \psi_{12}(\tau) &= \psi_{11}(\tau) \cdot \overline{m(t)}, \\ \Psi_{12}(f) &= \Psi_{11}(f) \cdot \int_{-\varepsilon}^{+\varepsilon} M(f)\,\mathrm{d}f \quad \varepsilon \to 0. \end{aligned} \tag{2.48}$$

Eine Korrelation zwischen Eingangs- und Ausgangssignal in Form der Kreuzkorrelationsfunktion tritt also nur bei endlichem linearem Mittelwert $\overline{m(t)} = \frac{1}{t_p} \int\limits_{t_p} m(t)\,\mathrm{d}t$ auf.

2.3. *Anwendungen für zeitinvariante Systeme*

2.3.1. *Ermittlung der Gewichtsfunktion eines zeitinvarianten Systems*

Die Gln. 2.45 lassen sich zur meßtechnischen Ermittlung der Gewichtsfunktion eines zeitinvarianten Systems ausnutzen. Sofern als Eingangssignal weißes Rauschen, gekennzeichnet durch die AKF $\psi_{11}(\tau) = \Psi_0\delta(\tau)$, gewählt wird, entsteht als KKF zwischen Ein- und Ausgangssignal

$$\psi_{12}(\tau) = \Psi_0 \cdot g(\tau), \tag{2.49}$$

d. h., die Gewichtsfunktion wird durch eine Korrelationsanordnung gemäß Abb. 2.12 meßbar.

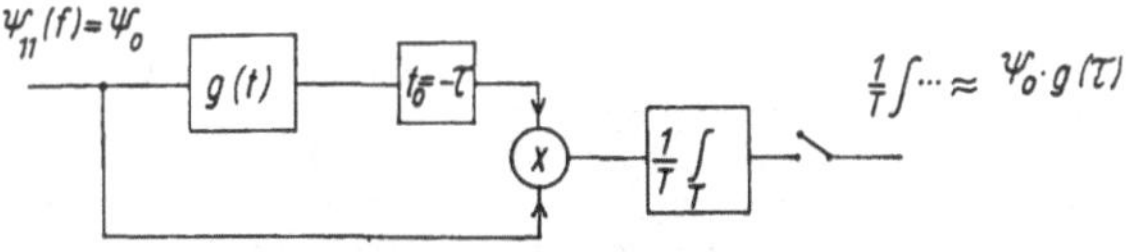

Abb. 2.12. Meßanordnung zur Ermittlung der Gewichtsfunktion

Diese Meßanordnung hat eine wichtige Eigenschaft. Ein zum Testsignal (weißes Rauschen) *orthogonales* Störsignal, das *additiv* auf den Ausgang des Meßobjektes einwirkt, trägt nicht zur KKF zwischen Ein- und Ausgangssignal bei, d. h., additive Störungen mit verschwindender Gleichkomponente bewirken keine Verfälschung des Meßergebnisses, sie werden durch die Meßanordnung unterdrückt.

Die KKF zwischen Eingangssignal $x(t)$ und Ausgangssignal $y(t) = \big(x(t) * g(t)\big) + z(t)$ ist $\psi_{xy}(\tau) = \psi_{xx}(\tau) * g(\tau) + \psi_{xz}(\tau)$, wobei $\psi_{xz}(\tau) \equiv 0$ bei Orthogonalität. Die Störung $z(t)$ kann auch das Ergebnis einer am Eingang oder an anderer Stelle des Systems additiv störenden orthogonalen Größe sein, die jedoch wegen der Linearität des Systems als Superposition am Ausgang aufgefaßt werden kann.

Anmerkung: Das Störsignal darf auch periodisch sein.

Breitband- und Schmalbandmeßtechnik. Die Ermittlung der Übertragungseigenschaft eines zeitinvarianten linearen Systems in Form der Gewichtsfunktion mit der beschriebenen Kreuzkorrelationsmethode bildet vom systemtheoretischen Standpunkt das Gegenstück zur Bestimmung der Übertragungsfunktion mit Hilfe sinusförmiger Meßsignale. Eine Gegenüberstellung zeigt die Gemeinsamkeiten.

	Breitbandmessung	Schmalbandmessung
Meßsignal: Sonderfall eines stochastischen Signals	weißes Rauschen (linear unabhängige zeitliche Momentanwerte)	periodische (determinierte) sinusförmige Zeitfunktion (funktionell abhängige Momentanwerte)
AKF	Stoß (bei $\tau = 0$)	periodisch
Leistungsdichte	konstant (Sonderfall der Periodizität)	Stöße (bei $f = \pm f_0$)
Meßgröße	Gewichtsfunktion $g(\tau)$	Übertragungsfunktion $G(f)$
punktweise Ermittlung der Meßgröße mit dem Parameter	Laufzeit τ	Frequenz f
Störungsunterdrückung durch Mittelwertbildung bzw. Filterung mit	Tiefpaß ($\triangleq$ Integrator)	Bandpaß
Restfehler durch	endliche Meßzeit (Integrationszeit) endliche Bandbreite	

Vom Prinzip her entsprechen sich also Korrelations- und Sinusmeßtechnik. Die Ermittlung der Gewichtsfunktion mittels einmaligen (bzw. in der technischen Ausführung meist periodisch wiederholten) Stoßes im Zeitbereich als determiniertem Meßsignal ist ebenfalls eine Breitbandmessung. Dieses Verfahren ist im Gegensatz zu obigem gekennzeichnet durch kleine Meßzeit (Vorteil) und fehlende Störungsunterdrückung (Nachteil).

Praktische Gesichtspunkte der Auswahl des Meßverfahrens sind z. B. Verträglichkeit von Meßsignal und Meßobjekt (Übersteuerung, Betriebsstörung) Genauigkeitsforderungen, Meßzeitforderungen, schaltungstechnische Realisierungsmöglichkeiten.

2.3.2. Optimales Suchfilter

Gegeben sei eine Anordnung nach Abb. 2.13. Durch Entnahme einer Probe zum Zeitpunkt $t = 0$ soll am Ausgang dés linearen zeitinvarianten Systems mit mög-

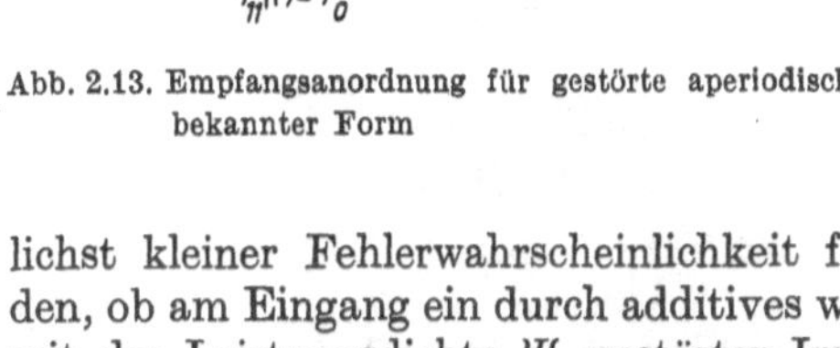

Abb. 2.13. Empfangsanordnung für gestörte aperiodische Signale bekannter Form

lichst kleiner Fehlerwahrscheinlichkeit festgestellt werden, ob am Eingang ein durch additives weißes Rauschen mit der Leistungsdichte Ψ_0 gestörter Impuls bekannter Form (aperiodische Zeitfunktion) vorhanden oder nicht vorhanden ist. Gesucht ist ein System, das die Fehlerwahrscheinlichkeit minimiert.

Diese Aufgabe kommt in der Informationstechnik als Erkennungsproblem in verschiedenen Modifizierungen vor (Radartechnik, digitale Übertragungstechnik, Zeichenerkennung).

Anstelle der Fehlerwahrscheinlichkeit kann (wegen des monotonen Zusammenhanges) ein Signalrauschverhältnis ϱ als Gütekriterium dienen.

$$\varrho = \frac{u_2(0)}{\sqrt{\psi_{22}(0)}}, \tag{2.50}$$

$u_2(0)$ = Momentanwert des Nutzsignals am Ausgang zur Zeit $t = 0$ (Probenentnahme),

$\sqrt{\psi_{22}(0)}$ = Effektivwert des Störsignals am Ausgang.

Gl. 2.50 läßt sich darstellen als

$$\varrho^2 = \frac{\left[\int\limits_{-\infty}^{+\infty} U_1(f) \cdot G(f)\, \mathrm{d}f\right]^2}{\Psi_0 \int\limits_{-\infty}^{+\infty} |G(f)|^2\, \mathrm{d}f}$$

und mit den Ungleichungen

$$\int\limits_{-\infty}^{+\infty} U_1(f)\, G(f)\, \mathrm{d}f \leqq \int\limits_{-\infty}^{+\infty} |U_1(f)| \cdot |W(f)|\, \mathrm{d}f,$$

$$\left[\int\limits_{-\infty}^{+\infty} |U_1(f)| \cdot |G(f)|\, \mathrm{d}f\right]^2 \leqq \int\limits_{-\infty}^{+\infty} |U_1(f)|^2\, \mathrm{d}f \cdot \int\limits_{-\infty}^{+\infty} |G(f)|^2\, \mathrm{d}f$$

abschätzen zu

$$\varrho^2 \leqq \frac{\int\limits_{-\infty}^{+\infty} |U_1(f)|^2\, \mathrm{d}f}{\Psi_0}.$$

Das maximale Signalrauschverhältnis beträgt somit

$$\varrho_{\max} = \sqrt{\frac{E_1}{\Psi_0}}, \tag{2.51}$$

wobei E_1 die Energie des Nutzsignals am Eingang bedeutet: $E_1 = \int\limits_{-\infty}^{+\infty} |U_1(f)|^2\, \mathrm{d}f$.

Das zugehörige optimale System ist gekennzeichnet durch

$$\left\| \begin{aligned} G_{\mathrm{opt}}(f) &= \frac{1}{\lambda}\, U_1^*(f), \\ g_{\mathrm{opt}}(t) &= \frac{1}{\lambda}\, u_1(-t). \end{aligned} \right. \tag{2.52}$$

λ = beliebiger reeller Faktor. Dieses System wird als *optimales Suchfilter, matched filter* (abgekürzt m. f.) oder *konjugiertes Filter* bezeichnet. Es ist so an die Form des Nutzsignals angepaßt (to match = anpassen), daß dessen Energie maximal ausgenutzt wird.

Die Realisierbarkeit ist nicht gesichert. Allerdings läßt sich Kausalität (zumindest näherungsweise) durch Einführung einer beliebigen Laufzeit t_0 (und Abtastung zum Zeitpunkt $t = t_0$) erreichen.

Das Nutzsignal am Ausgang des optimalen Suchfilters ergibt sich zu

$$\begin{aligned} u_2(t) &= \frac{1}{\lambda}\, \psi_{u1u1}(t), \\ U_2(f) &= \frac{1}{\lambda}\, |U_1(f)|^2. \end{aligned} \tag{2.53}$$

(ψ_{u1u1} = AKF des Eingangssignals $u_1(t)$, vgl. Zusammenhang zwischen Faltung und Korrelation.) Das optimale Suchfilter ist somit ein Korrelator, der die AKF in Abhängigkeit von der laufenden Zeit ausgibt.

Abtastung der Ausgangszeitfunktion zum Zeitpunkt $t = 0$ bedeutet somit Abtastung im Maximum. Der Abtastwert $u_2(0)$ ist proportional der Energie des Eingangssignals.

Beispiel. Gegeben rechteckförmige Zeitfunktion als Nutzsignal, additive Störung durch weißes Rauschen (s. Abb. 2.14). Das optimale Suchfilter ist ein idealer Fenster-Integrator (rechteckförmige Gewichtsfunktion). Das Nutzsignal erzeugt am Ausgang eine dreieckförmige Zeitfunktion (proportional der AKF des Rechteckimpulses).

Äquivalente Korrelatoranordnung. Hinsichtlich der Aufgabenstellung Maximierung des Signalrauschverhältnisses erfüllt auch die Korrelatoranordnung nach Abb. 2.15 die Funktion des optimalen Suchfilters.

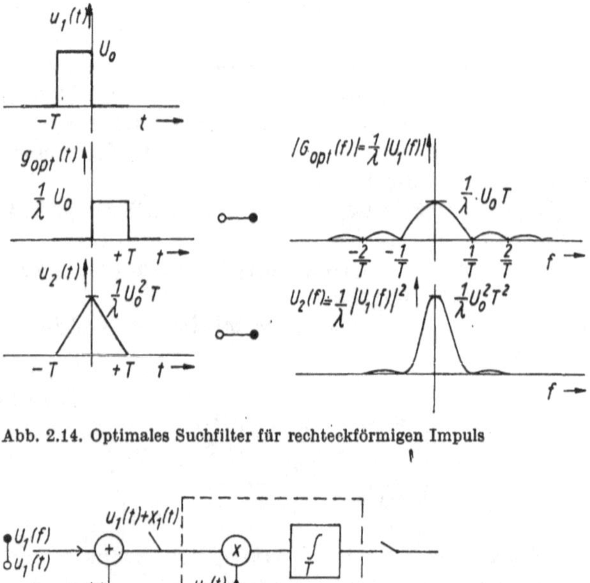

Abb. 2.14. Optimales Suchfilter für rechteckförmigen Impuls

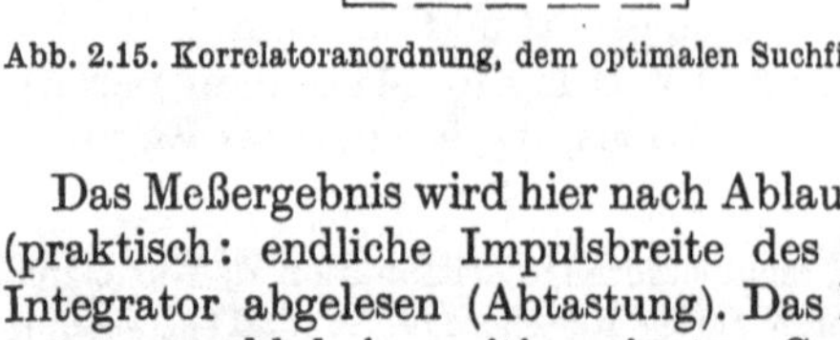

Abb. 2.15. Korrelatoranordnung, dem optimalen Suchfilter äquivalent

Das Meßergebnis wird hier nach Ablauf der Zeitdauer T (praktisch: endliche Impulsbreite des Nutzsignals) am Integrator abgelesen (Abtastung). Das Empfangsprinzip nutzt sowohl beim zeitinvarianten Suchfilter als auch beim zeitvarianten Korrelator die Kenntnis der Kurvenform des ungestörten Nutzsignals am Empfangsort aus. Im ersten Falle ist die Kurvenform im Filter als Gewichtsfunktion gespeichert („verdrahtet"), im zweiten Fall erzeugt der Funktionsgenerator die Impulsform des Nutzsignals. Bei rechteckförmigem Nutzsignal vereinfacht sich der Funktionsgenerator zu einem Schalter. Zur Signalform gehört auch der Zeitpunkt, zu dem das Nutzsignal (eventuell) zu erwarten ist, technisch muß also eine Synchronisation realisiert werden.

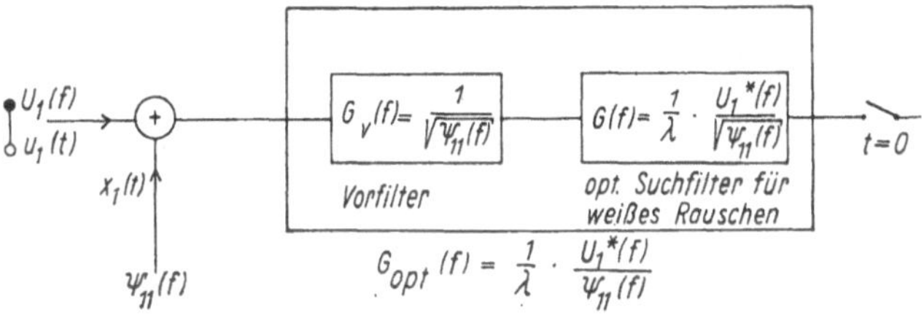

Abb. 2.16. Optimales Suchfilter für farbiges Rauschen

Optimales Suchfilter für farbiges Rauschen. Bei farbigem Rauschen kann die Anordnung durch ein fiktives Vorfilter auf den Fall der Störung durch weißes Rauschen zurückgeführt werden (s. Abb. 2.16). Als optimale Übertragungsfunktion ergibt sich

$$G_{\text{opt}}(f) = \frac{1}{\lambda} \frac{U_1{}^*(f)}{\Psi_{11}(f)}. \tag{2.54}$$

Der Betrag der Übertragungsfunktion ist proportional dem Verhältnis von Nutzamplituden- zu Störleistungsdichte, d. h., das Filter bevorzugt zur Entscheidungsfindung spektrale Anteile, die relativ zum Nutzanteil wenig gestört sind.

2.3.3. *Optimalfilter für kontinuierliches stochastisches Nutzsignal (Wiener-Filter)*

Aufgabenstellung: Gegeben ist ein stochastisches Nutzsignal (ergodischer Prozeß) $x_s(t)$, das durch ein stochastisches Störsignal $x_n(t)$ additiv gestört ist. Ein zeitinvariantes Empfangsfilter ist so zu bestimmen, daß sich das Ausgangssignal $x_a(t)$ im Sinne des mittleren quadratischen Fehlers (Störleistung) möglichst wenig vom Nutzsignal unterscheidet (s. Abb. 2.17), d. h.

$$\lim_{T\to\infty} \frac{1}{T} \int_T |x_a(t) - x_s(t)|^2 \, dt \to \text{Min}. \tag{2.55}$$

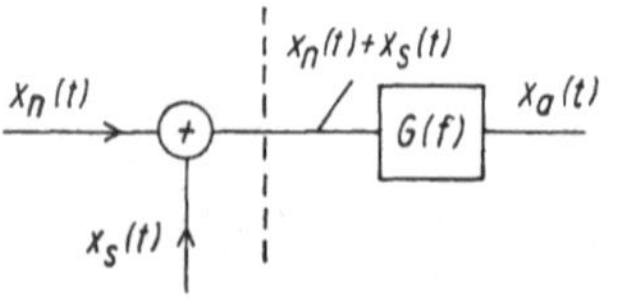

Abb. 2.17. Empfangsanordnung für gestörte stochastische Signale

Mit den Leistungsdichten für Nutz- und Störsignal $\Psi_{ss}(f)$, $\Psi_{nn}(f)$ und der Kreuzleistungsdichte $\Psi_{sn}(f)$ ergibt sich die optimale Übertragungsfunktion zu

$$G_{\text{opt}}(f) = \frac{\Psi_{ss}(f) + \Psi^*_{ns}(f)}{\Psi_{ss}(f) + \Psi_{sn}(f) + \Psi_{ns}(f) + \Psi_{nn}(f)} \tag{2.56}$$

bzw. für den Sonderfall der Orthogonalität von Nutz- und Störsignal, d. h. $\Psi_{sn}(f) \equiv \Psi_{ns}(f) \equiv 0$:

$$G_{\text{opt}}(f) = \frac{\Psi_{ss}(f)}{\Psi_{ss}(f) + \Psi_{nn}(f)}. \tag{2.57}$$

Auch hierbei werden vom Empfangsfilter Spektralanteile mit relativ großem Verhältnis von Nutz- zu Störsignal bevorzugt.

Das Filter ist i. a. ebenfalls nicht streng realisierbar (realisierbare Lösungen s. z. B. [22]).

3. Informationstheorie

Gegenstand der Darlegungen ist die klassische Informationstheorie (ursprünglich communication theory), die im Jahre 1948 durch C. E. Shannon begründet wurde.

Ihr liegt ein technischer Informationsbegriff zugrunde, bei dem z. B. die Aspekte der Bedeutung und des Zieles (semantischer und teleologischer Aspekt) nicht berücksichtigt werden.

Die Informationstheorie hat auch Bedeutung für wissenschaftliche Untersuchungen außerhalb der Technik, wie z. B. in Biologie, Medizin, Linguistik, Pädagogik, Ökonomie, Philosophie, wobei der Informationsbegriff Erweiterungen erfährt.

Die Beschreibungsmittel sind Elemente der Wahrscheinlichkeitstheorie.

Information wird als Wissenszuwachs bzw. Abbau von Unsicherheit über einen interessierenden Sachverhalt erklärt.

Dabei handelt es sich um einen Vorgang, der sich zwischen einer ausgebenden Stelle, der *Informationsquelle*, und einer empfangenden Stelle, der *Informationssenke*, abspielt. Quelle und Senke können sowohl Menschen als auch technische Einrichtungen sein. Eine Mitteilung über einen Sachverhalt stellt nur in dem Maße Information dar, in dem sie für den Empfänger Abbau von Unsicherheit bedeutet, d. h., Information existiert nicht unabhängig vom Empfänger. Eine mathematische Beschreibung setzt ein Modell mit Definition eines (fiktiven) Empfängers voraus. *Störungen* sind Beeinträchtigungen des richtigen Empfangs von Information. Sie werden dem *Informationsübertragungskanal*, dem Verbindungsglied zwischen Quelle und Senke, zugeordnet. Abb. 3.1 zeigt das allgemeine Modell der zu untersuchenden Anordnung.

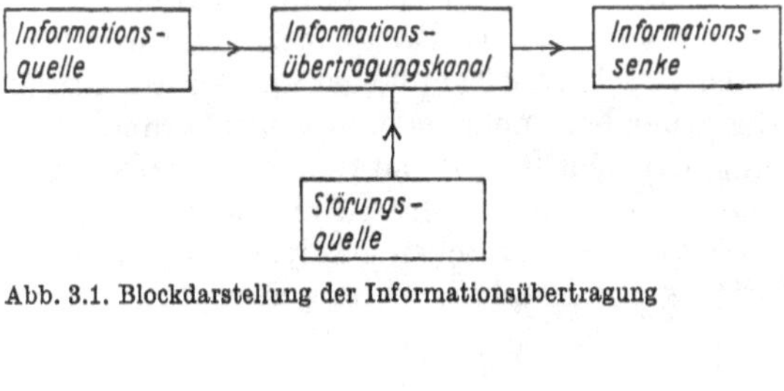

Abb. 3.1. Blockdarstellung der Informationsübertragung

3.1. Information und Informationsquelle

Information ist an vereinbarte unterscheidbare Zeichen geknüpft, die *Symbole* genannt werden.

Es gibt sehr viele theoretische und technische Möglichkeiten, Symbole durch *Signale,* d. h. durch charakteristische zeitliche oder räumliche Abhängigkeiten physikalischer Größen, darzustellen. Die Darstellung eines Symbols in diesem Sinne spielt in der Informationstheorie eine untergeordnete Rolle, es interessieren nur statistische Eigenschaften und Verknüpfungen.

Eine Informationsquelle heißt *diskret,* wenn sie Symbole einer abzählbaren Vielfalt emittiert. Als Grenzfall ist die *kontinuierliche* Quelle aufzufassen, deren Symbole nur differentiell unterscheidbar sind, d. h. ein *Symbolkontinuum* bilden.

3.1.1. Diskrete Quelle

Die Quelle emittiere Symbole aus einer Vielfalt von n diskreten Symbolen, d. h. aus einem *endlichen Symbolvorrat* (Auswahl aus einer endlichen Anzahl n vorgegebener Möglichkeiten, z. B. Worte aus einem Wortschatz, Zeichen aus einem Alphabet). Indem bei Emission eines Symbols beim Empfänger (d. h. dem interessierten Beobachter der Quelle) Unsicherheit hinsichtlich des Symbols abgebaut wird, transportiert das Symbol Information, die als *Informationsinhalt* des Symbols bezeichnet wird. Je unerwarteter ein Symbol erscheint, in desto höherem Maße ist Unsicherheit abgebaut. Somit ist der Überraschungsgehalt ein Maß für die Information.

Der Überraschungsgehalt hängt nicht nur von der Quelle, sondern auch vom Empfänger ab, der auf Grund einer vorhergehenden mehr oder weniger gründlichen Beobachtung der Quelle ein bestimmtes Symbol mit größerer oder kleinerer Wahrscheinlichkeit erwartet. Das Ergebnis einer statistischen Analyse der Quelle ist als Vorkenntnis des Empfängers zu deuten oder umgekehrt: Mit der statistischen Beschreibung einer Quelle ist auch ein fiktiver Empfänger definiert.

Als mathematisches Modell der Informationsquelle dient ein endlicher Ereignisraum, dessen zufällige Elementarereignisse Symbole darstellen und dessen mehr oder weniger vollständige Beschreibung durch statistische Parameter zugleich einen zugehörigen Empfänger kennzeichnet, der die Symbole störungsfrei empfängt.

Quelle mit gleichwahrscheinlichen unabhängigen Symbolen. Die Quelle wird durch einen einzigen Parameter, die Anzahl der unterscheidbaren Symbole n, beschrieben. Daraus resultiert die Wahrscheinlichkeit p_0 für das Auftreten eines Symbols

$$p_0 = \frac{1}{n}. \tag{3.1}$$

Wie oben erläutert, ist diese statistische Beschreibung als Kenntnisstand eines Empfängers aufzufassen. Ob die Quelle wirklich unabhängige gleichwahrscheinliche Symbole hat oder ob der Empfänger mangels „Intelligenz“ oder Speicherfähigkeit nur die Anzahl der Symbole kennt bzw. nicht in der Lage war, eine weitergehende Analyse durchzuführen und z. B. statistische Abhängigkeiten aufzudecken, ist in diesem Zusammenhang uninteressant.

Da alle Symbole mit der gleichen Wahrscheinlichkeit p_0 auftreten, hat jedes Symbol den gleichen Informationsinhalt. In Abhängigkeit von n hat ein Symbol einer *Binärquelle* (Symbolvorrat $n = 2$) den kleinsten Informationsinhalt. Dieser dient als Informationseinheit und wird mit 1 bit bezeichnet (bit = Abkürzung von *binary digit* $\triangleq$ Binärschritt, Zweierschritt). Durch Zusammenfassen von Binärsymbolen zu Binärworten mit der Stellenzahl I entstehen neue Symbole mit einem größeren Informationsinhalt, die entsprechend der Anzahl von Kombinationen, die durch I Binärsymbole gebildet werden können, eine Quelle mit dem Symbolvorrat

$$n = 2^I \tag{3.2}$$

repräsentieren.

Gemäß der Anzahl der Binärstellen (Stellenzahl gleichlanger Binärworte), die einem Symbol dieser Quelle mit n Symbolen zur eindeutigen Kennzeichnung zugeordnet werden muß, wird I als Informationsinhalt eines Symboles bezeichnet.

Verallgemeinernd läßt man für I auch nichtganze Werte zu und erhält aus Gl. 3.2 (mit ld = Logarithmus zur Basis 2):

Der Informationsinhalt eines Symbols der Quelle mit n gleichwahrscheinlichen unabhängigen Symbolen beträgt

$$I = \text{ld}\, n \text{ (bit)} \tag{3.3a}$$

bzw.

$$I = -\text{ld}\, p_0 \text{ (bit)}. \tag{3.3b}$$

Beispiel. Ein Spielwürfel mit den Zahlen 1 bis 6 stellt eine Informationsquelle dar, bei der jede Zahl entsprechend der Wahrscheinlichkeit ihres Auftretens $p_0 = 1/6$ einen Informationsinhalt von $I = \text{ld}\, 6 \approx 2{,}585$ bit hat.

Quelle mit unabhängigen nicht gleichwahrscheinlichen Symbolen. Die Quelle wird durch Zuordnung von n Wahrscheinlichkeiten p_i, $(i = 1, \ldots, n)$ zu n Symbolen beschrieben. (Da $\sum_{i=1}^{n} p_i = 1$, sind $n - 1$ Werte ausreichend.) Wegen der i. a. unterschiedlichen Überraschungsgehalte der Symbole sind auch die Informationsinhalte unterschiedlich. Durch Verallgemeinerung des Zusammenhanges Gl. 3.3b, der eine Wahrscheinlichkeit einem Informationsinhalt zuordnet, ergibt sich:

Der Informationsinhalt I_i eines Symbols, das mit der Wahrscheinlichkeit p_i auftritt, beträgt

$$I_i = -\text{ld}\, p_i. \tag{3.4}$$

Beispiel. Durch Würfeln mit zwei Spielwürfeln und Addition der Augen bei jedem Wurf entsteht eine Quelle, die die Zahlen 2 bis 12 mit unterschiedlicher Wahrscheinlichkeit emittiert:

$p(2) = p(12) = 1/36$; $p(3) = p(11) = 2/36$; ... $p(6) = p(8) = 5/36$; $p(7) = 1/6$.

Dementsprechend ergeben sich die Informationsinhalte dieser Zahlen in bit zu

$$I(2) = I(12) \approx 5{,}170; \quad I(3) = I(11) \approx 4{,}170; \ldots I(6) = I(8) \approx 2{,}848; \ I(7) \approx 2{,}807.$$

Das logarithmische Maß für den Informationsinhalt hat den Vorteil, daß für Symbolgruppen (Worte) aus unabhängigen Symbolen der Informationsinhalt durch Addition der Informationsinhalte der Einzelsymbole ermittelt werden kann. Das Symbol $S_{\nu\mu}$, dargestellt durch die Kombination der unabhängigen Symbole S_ν und S_μ, hat wegen $p(S_{\nu\mu}) = p(S_\nu) \cdot p(S_\mu)$ den Informationsinhalt

$$I(S_{\nu\mu}) = I(S_\nu) + I(S_\mu).$$

Eine derartige Quelle mit unabhängigen Symbolen wird auch als Quelle ohne Gedächtnis oder als BERNOULLI-Quelle bezeichnet.

Quelle mit abhängigen Symbolen. Bei statistischer Abhängigkeit eines Symbols von anderen vermindert sich der Überraschungsgehalt und damit der Informationsinhalt gegenüber dem Fall der Unabhängigkeit, sofern der Empfänger die Abhängigkeit kennt und berücksichtigt (technisch Speicherproblem). Das wird am Sonderfall des folgenden Modells demonstriert. (Ausführlicheres siehe z. B. [26].)

Markoff-Prozeß 1. Ordnung: Die n Symbole dieser Quelle sind nur von einem, dem unmittelbar vorhergehenden Symbol abhängig. Der Vorgang wird durch bedingte Wahrscheinlichkeiten $p_{i|j}$ (Übergangswahrscheinlichkeiten) beschrieben. Es seien $p_{i|j}$ ($i = 1 \ldots n;\ j = 1 \ldots n$) die Wahrscheinlichkeiten dafür, daß unter der Bedingung des emittierten Symbols Nummer j das Symbol Nummer i als nächstes erscheint. Durch die $n(n - 1)$ bedingten Wahrscheinlichkeiten sind auch die ergodischen Wahrscheinlichkeiten p_i (= summarische Wahrscheinlichkeiten für das Auftreten der Symbole) bestimmt. Sie ergeben sich unter Berücksichtigung von $\sum_{i=1}^{n} p_i = 1$ aus der Rekursionsgleichung

$$p_i = \sum_{k=1}^{n} p_k p_{i|k}. \tag{3.5}$$

Anstelle der bedingten Wahrscheinlichkeiten $p_{i|j}$ kann auch ein anderer Satz von bedingten Wahrscheinlichkeiten zur Beschreibung dienen, nämlich die Wahrscheinlichkeiten dafür, daß Symbol Nummer j der Vorgänger von Symbol Nummer i ist $q_{j|i}$. Mit den ergodischen Wahrscheinlichkeiten p_i und p_j gilt

$$q_{j|i} = p_{i|j} \cdot \frac{p_j}{p_i}. \tag{3.6}$$

Der Informationsinhalt eines Symbols ist somit auch abhängig vom vorhergehenden Symbol, der bedingte Informationsinhalt des Symbols Nummer i wird

$$I_{i|j} = -\operatorname{ld} p_{i|j}. \tag{3.7}$$

Ein mittlerer Informationsinhalt für ein Symbol ergibt sich gemäß

$$I_i = -\sum_{j=1}^{n} q_{j|i} \operatorname{ld} p_{i|j}. \tag{3.8}$$

Beispiel. Durch zyklische Abfrage wird der Betriebszustand „betriebsklar" $\triangleq L$ oder „gestört" $\triangleq 0$ einer technischen Einrichtung registriert. Da der Zustand „betriebsklar" sich in der Regel über mehrere Abfragen erstreckt, wird diese Binärquelle in erster Näherung durch einen MARKOFF-Prozeß 1. Ordnung modelliert. Die statistische Analyse ergebe die Matrix der bedingten Wahrscheinlichkeiten

$$p_{i|j} = \begin{Vmatrix} p_{1|1} & p_{2|1} \\ p_{1|2} & p_{2|2} \end{Vmatrix} = \begin{Vmatrix} p(L|L) & p(0|L) \\ p(L|0) & p(0|0) \end{Vmatrix} = \begin{Vmatrix} 0{,}9 & 0{,}1 \\ 0{,}5 & 0{,}5 \end{Vmatrix}.$$

Für die ergodischen Wahrscheinlichkeiten erhält man

$$p_1 = \frac{p_{1|2}}{p_{1|2} + p_{2|1}} \approx 0{,}8333; \; p_2 \approx 0{,}1667.$$

Für die $q_{j|i}$ gilt im Falle der Binärquelle $q_{\nu|\mu} = p_{\nu|\mu}$, d. h.

$$\left\| \begin{matrix} p(L|L) & p(0|L) \\ p(L|0) & p(0|0) \end{matrix} \right\| = \left\| \begin{matrix} q(L|L) & q(0|L) \\ q(L|0) & q(0|0) \end{matrix} \right\|.$$

Die bedingten Informationsinhalte sind

$$\left\| I_{i|j} \right\| = \left\| \begin{matrix} I(L|L) & I(0|L) \\ I(L|0) & I(0|L) \end{matrix} \right\| = \left\| \begin{matrix} 0{,}152 & 3{,}322 \\ 1 & 1 \end{matrix} \right\|$$

und die mittleren Informationsinhalte

$I_1 = I(L) = 0{,}237$ bit; $I_2 = I(0) = 2{,}161$ bit.

Informationsentropie. Eine Kenngröße zur summarischen Beschreibung der Quelle ist der *mittlere Informationsinhalt* der von ihr emittierten Symbole. Als linearer Mittelwert H der Zufallsgröße Informationsinhalt mit den Werten I_i und den Wahrscheinlichkeiten p_i ergibt sich

$$\left\| H = \sum_{i=1}^{n} p_i I_i . \right. \tag{3.9}$$

Die Größe H wird als Informationsentropie der Quelle bezeichnet (in Anlehnung an den Entropiebegriff in der Thermodynamik). Für die behandelten Arten von Quellen gilt bei unabhängigen gleichwahrscheinlichen Symbolen

$$H = H_0 = \operatorname{ld} n, \tag{3.10}$$

bei unabhängigen nicht gleichwahrscheinlichen Symbolen

$$H = H_1 = -\sum_{i=1}^{n} p_i \operatorname{ld} p_i, \tag{3.11}$$

bei der MARKOFF-Quelle 1. Ordnung

$$\begin{aligned} H = H_2 &= -\sum_{i=1}^{n} \sum_{j=1}^{n} p_i q_{j|i} \operatorname{ld} p_{i|j} \\ &= -\sum_{i=1}^{n} \sum_{j=1}^{n} p_j p_{i|j} \operatorname{ld} p_{i|j} . \end{aligned} \tag{3.12}$$

Bei einer Quelle mit statistisch abhängigen Symbolen entsprechen die Entropien in der Reihenfolge H_0 (nullter

Ordnung), H_1 (erster Ordnung), H_2 (zweiter Ordnung) usw. der zunehmend vervollständigten statistischen Beschreibung der Quelle. Für jede Quelle gilt

$$H_0 \geqq H_1 \geqq H_2 \geqq \cdots \geqq H. \tag{3.13}$$

H_0 ist der maximale mittlere Informationsinhalt der Symbole einer Quelle, der bei gleichwahrscheinlichen unabhängigen Symbolen erreicht wird. In diesem Fall sind die Symbole hinsichtlich der Emission von Information bei gegebenem Symbolvorrat am besten ausgenutzt. H_0 wird daher auch *Entscheidungsgehalt* der Symbole einer Quelle (potentielle Entropie) genannt. Bei vorausgesetzter vollständiger statistischer Beschreibung der Quelle wird H als ihre (wirkliche) Entropie bezeichnet. Zum Beispiel läßt sich für die 27 Symbole der deutschen Schriftsprache (26 Buchstaben und Wortzwischenraum) mit dem Entscheidungsgehalt $H_0 \approx 4{,}75$ bit/Symbol, die Entropie zu $H \approx 1{,}3$ bit/Symbol abschätzen.

Beachte: Während der Informationsinhalt (in bit) die Beschreibungsgröße eines Symbols darstellt, ist die Entropie (in bit/Symbol) Beschreibungsgröße einer Quelle bzw. der Menge *aller* Symbole einer Quelle.

Entropie der Binärquelle. Eine Binärquelle, deren unabhängige Symbole mit den Wahrscheinlichkeiten p_1 und $p_2 = 1 - p_1$ auftreten, hat die Entropie (s. Gl. 3.11)

$$H = H_1 = -p_1 \operatorname{ld} p_1 - (1 - p_1) \operatorname{ld} (1 - p_1). \tag{3.14}$$

Für den Sonderfall einer symmetrischen binären MARKOFF-Quelle 1. Ordnung mit der Matrix der bedingten Wahrscheinlichkeiten

$$\left\| p_{i|j} \right\| = \left\| \begin{matrix} 1 - p_ü & p_ü \\ p_ü & 1 - p_ü \end{matrix} \right\|$$

ergibt sich als Entropie H_2 unter Berücksichtigung von $p_1 = p_2 = 0{,}5$ (nach Gl. 3.5) aus Gl. 3.12 der gleiche funktionelle Zusammenhang wie in Gl. 3.14

$$H = H_2 = -p_ü \operatorname{ld} p_ü - (1 - p_ü) \operatorname{ld} (1 - p_ü). \qquad (3.15)$$

Beachte: Obwohl die ergodischen Wahrscheinlichkeiten gleich sind ($p_1 = p_2 = 0{,}5$), ist die Entropie nicht maximal, sofern $p_ü \neq 0{,}5$. Der grafischen Darstellung (Abb. 3.2) entnimmt man, daß infolge des flachen Verlaufes der Funktion in der Umgebung des Maximums bei $p_1 = 0{,}5$ bzw. $p_ü = 0{,}5$ erst starke Abweichungen von diesen optimalen Wahrscheinlichkeitswerten zu deutlichem Entropieabfall führen.

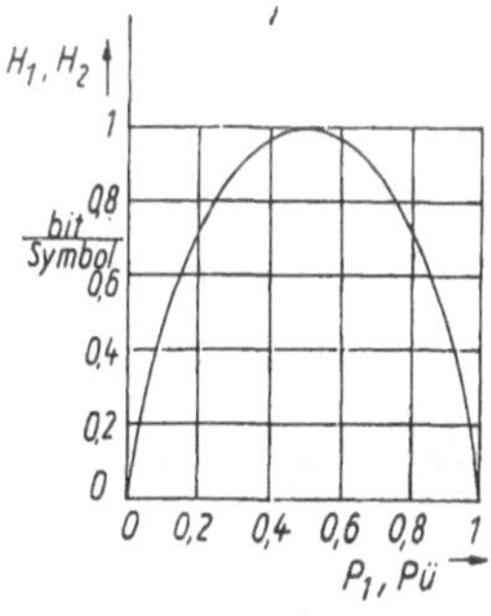

Abb. 3.2. Entropien von Binärquellen (nach Gln. 3.14, 3.15)

Optimale Wahrscheinlichkeiten. Wenn als Kriterium für die Optimierung der statistischen Parameter einer Quelle nur die Entropie interessiert, sind nach obigem Gleichverteilung und statistische Unabhängigkeit der Symbole optimal. Technische Gesichtspunkte (z. B. Leistungsbegrenzung, Amplitudenbegrenzung oder die Anpassung an einen gestörten Kanal) führen zu Nebenbedingungen und anderen Lösungen.

Beispiel Leistungsbegrenzung. Die unabhängigen Symbole einer Quelle seien durch Trägersignale mit den unterschiedlichen Amplituden x_i dargestellt. Die mittlere physikalische Leistung ist proportional dem quadratischen Mittelwert

$$S = E[x_i^2] = \sum_{i=1}^{n} p_i x_i^2. \qquad (3.16)$$

Gesucht ist die Wahrscheinlichkeitsverteilung, die bei vorgegebenem Wert S maximale Entropie liefert. Mit der Lösung

$$p_i = a_1(a_2^{x_i^2})$$

für das Variationsproblem (vgl. [27]) ergeben sich die optimalen Wahrscheinlichkeiten (maximale Entropie) unter Berücksichtigung folgender Beziehungen (Gleichungssystem) für die Parameter a_1 und a_2

$$\begin{aligned} &a_1 \sum_{i=1}^{n} a_2^{x_i^2} = 1 \quad \left(\text{aus} \sum_{i=1}^{n} p_i = 1\right), \\ &a_1 \sum_{i=1}^{n} a_2^{x_i^2} \cdot x_i^2 = S \quad (\text{aus Gl. 3.16}). \end{aligned} \tag{3.18}$$

Doppelquelle. Zwei Quellen X und Y, deren untereinander unabhängige Symbole X_ν und Y_μ mit den Wahrscheinlichkeiten $p(X_\nu) = p_\nu$; $p(Y_\mu) = p_\mu$ paarweise zu Doppelsymbolen (Verbundsymbolen) zusammengefaßt werden, bilden eine neue Quelle (Verbundquelle).

Fall 1: Bei unabhängigen Quellen, d. h. X_ν und Y_μ unabhängig voneinander, ist die Wahrscheinlichkeit für das Auftreten des Doppelsymbols $X_\nu Y_\mu$ (Verbundereignis) die Verbundwahrscheinlichkeit

$$p_{\nu,\mu} = p_\nu \cdot p_\mu \tag{3.19}$$

und damit die Entropie der Doppelquelle (Verbundentropie)

$$H(X,Y) = H(X) + H(Y). \tag{3.20}$$

Die Entropie einer Doppelquelle mit unabhängigen Einzelquellen ist gleich der Summe der Entropien der Einzelquellen.

Fall 2: Bei abhängigen Quellen, beschrieben durch die bedingten Wahrscheinlichkeiten $p(Y_\mu|X_\nu) = p_{\mu|\nu}$, ist die Verbundwahrscheinlichkeit

$$p_{\nu,\mu} = p_\nu \cdot p_{\mu|\nu}, \tag{3.21}$$

somit die Verbundentropie

$$H(X,Y) = H(X) + H(Y|X), \tag{3.22}$$

mit der *bedingten Entropie*

$$H(Y|X) = -\sum_{\nu} p_\nu \sum_{\mu} p_{\mu|\nu} \operatorname{ld} p_{\mu|\nu}. \tag{3.23}$$

Die Entropie einer Doppelquelle mit abhängigen Einzelquellen ist gleich der Summe aus der Entropie einer Quelle und der bedingten Entropie der anderen.

3.1.2. Kontinuierliche Quelle

Im Gegensatz zur diskreten emittiert die kontinuierliche Quelle ein Symbolkontinuum, d. h., der Informationsparameter der Signale, an die die Information gebunden ist (Träger), ist überabzählbar vieler Werte fähig. Das wahrscheinlichkeitstheoretische Modell dieser Quelle ist im einfachsten Falle eine eindimensionale Zufallsvariable X, die in einem Intervall beliebige Werte x annehmen kann und durch die stückweise stetige Wahrscheinlichkeitsdichte $p(x)$ beschrieben wird.

Differentielle Entropie. Da jeder ausgewählte Wert x mit verschwindender Wahrscheinlichkeit auftritt (wenn $p(x)$ stoßfrei vorausgesetzt wird) und beliebig dicht benachbarte Werte praktisch nicht unterscheidbar sind, ist es sinnlos, nach dem Informationsinhalt eines solchen Wertes zu fragen (er wäre formal unendlich). Es kann auch keine Entropie im Sinne des bei der diskreten Quelle betrachteten mittleren Informationsinhaltes pro Symbol angegeben werden. An deren Stelle tritt ein verwandter Parameter, die *differentielle Entropie* H_d.

Die differentielle Entropie erster Ordnung ist

$$H_{d1} = -\int_{-\infty}^{+\infty} p(x) \operatorname{ld} p(x) \, \mathrm{d}x. \tag{3.24}$$

(Das entspricht dem Fall der vollständigen Beschreibung der Quelle durch die Wahrscheinlichkeitsdichte $p(x)$, Quelle ohne Gedächtnis.)

Maximale differentielle Entropie. Die differentielle Entropie ist gegenüber Maßstabsänderungen der Zufallsvariablen X nicht invariant, daher interessieren Maximalwerte nur bei Nebenbedingungen.

Beispiele:

Nebenbedingung	optimale Wahrscheinlichkeitsdichte $p(x)$
Amplitudenbegrenzung: $x_1 \leqq x \leqq x_2$	rechteckförmige Amplitudenverteilung (Gleichverteilung im zulässigen Intervall) $p(x) = \begin{cases} 1/(x_2 - x_1) & \text{für } x_1 \leqq x \leqq x_2 \\ 0 & \text{sonst} \end{cases}$
Leistungsbegrenzung: $\int_{-\infty}^{+\infty} p(x)\, x^2 \,\mathrm{d}x = S$	Normalverteilung (GAUSS-Charakteristik) $p(x) = \frac{1}{\sqrt{2\pi S}}\, \mathrm{e}^{-\frac{x^2}{2S}}$
linearer Mittelwert begrenzt: $\int_0^{\infty} p(x)\, x \,\mathrm{d}x = M,$ $x \geqq 0$	Exponentialverteilung $p(x) = \begin{cases} \frac{1}{M}\, \mathrm{e}^{-\frac{x}{M}} & \text{für } x \geqq 0, \\ 0 & \text{sonst.} \end{cases}$

3.1.3. *Redundanz und redundanzmindernde Kodierung*

Eine diskrete Informationsquelle ist *redundant* (Redundanz $\triangleq$ Weitschweifigkeit), wenn ihre Entropie H nicht den Maximalwert H_0 entsprechend der Anzahl n ihrer Symbole erreicht, d. h. $H < H_0$. Als relative Differenz ist die Redundanz r definiert zu

$$r = \frac{H_0 - H}{H_0}, \tag{3.25}$$

sie wird meist in Prozent angegeben.

Beispiel. Für die deutsche Schriftsprache beträgt die Redundanz mit den bereits mitgeteilten Werten für H und H_0 etwa 73%.

In der Informationstechnik wird Redundanz oft gezielt eingeführt, um Erkennung oder Korrektur von Übertragungsfehlern zu ermöglichen. Wenn Redundanz jedoch nicht in dieser Weise ausnutzbar ist, interessiert in vielen Fällen eine Verminderung der Redundanz durch Kodierung (genannt *Optimalkodierung*), um den technischen Wirkungsgrad zu verbessern (z. B. Verminderung von Übertragungsgeschwindigkeit oder Speicherbedarf).

Kodierung. Als Kodierung wird die (in der Regel umkehrbar eindeutige) Abbildung einer diskreten Informationsquelle (Primärquelle) auf eine andere (Sekundärquelle) bezeichnet. Der *Kode* fixiert die Symbolzuordnungen von Primär- und Sekundärquelle. *Kodeworte* sind Gruppen von Elementarsymbolen einer Quelle, die neue Symbole bilden. Die Forderung der Unterscheidbarkeit der Kodeworte wird durch die *Dekodierbarkeitsbedingung* erfüllt, sie lautet (hinreichende Bedingung):

> Kein Kodewort darf linker Teil eines anderen Kodewortes sein.

Ein gegebenenfalls erforderliches Trennungszeichen ist zum Kodewort zu rechnen und stellt ein Symbol der Quelle dar. Das MORSE-Alphabet z. B. als redundanzmindernder Kode für Schriftzeichen benötigt in Form des Zwischenraumes ein solches Trennungssymbol, d. h., die Sekundärquelle hat 3 Symbole (ternäre Kodierung).

Fundamentalsatz der Optimalkodierung. SHANNON bewies folgende Aussage:

> Symbolgruppen zu je z Symbolen einer redundanten Primärquelle mit der Entropie H lassen sich stets durch Binärworte so kodieren, daß die mittlere Anzahl der pro Primärsymbol aufgewendeten Binärsymbole beliebig nahe bei H liegt, sofern z hinreichend groß gewählt wird.

Optimalkodierung nach Fano. Ein schematisches Verfahren zur redundanzmindernden Kodierung wurde von

FANO angegeben. Im einfachsten Fall gilt folgende Vorschrift zur umkehrbar eindeutigen Abbildung von n Symbolen einer Primärquelle auf m Symbole einer Sekundärquelle, wobei zunächst $m < n$ vorausgesetzt wird:

1. Ordnung der Primärsymbole nach fallenden Wahrscheinlichkeiten.

2. Gruppenweise Zusammenfassung der Folge der Primärsymbole in m Gruppen derart, daß die Summen der Wahrscheinlichkeiten für die Primärsymbole in den Gruppen möglichst untereinander gleich sind.

3. Den m Gruppen wird in wählbarer (jedoch beizubehaltender) Reihenfolge je ein Sekundärsymbol zugeordnet, wodurch für jedes Primärsymbol eine Stelle des entstehenden Kodewortes bestimmt ist.

4. Fortgesetzte Durchführung der Schritte 2 und 3 innerhalb jeder Gruppe, bis keine weitere Gruppenzerlegung mehr möglich ist.

Beispiel. Gegeben seien 5 statistisch unabhängige Symbole ($S_1 \cdots S_5$) einer Primärquelle, die mit den Wahrscheinlichkeiten 1/16, 1/4, 1/2, 1/8, 1/16 ($p_1 \cdots p_5$) auftreten. ($H_0 \approx 2{,}32$ bit/Symbol, $H = H_1 \approx 1{,}88$ bit/Symbol, $r \approx 0{,}19$).

Tabelle 3.1.

Beispiel einer Kodierung nach FANO

Primärsymbole	p_i	Kodeworte
S_3	1/2	L
S_2	1/4	0 L
S_4	1/8	0 0 L
S_1	1/16	0 0 0 L
S_5	1/16	0 0 0 0

Gesucht ist ein redundanzmindernder Binärkode ($m = 2$). Nach dem angegebenen Verfahren entsteht gemäß Tabelle 3.1 ein redundanzfreier Binärkode. Jedes Primärsymbol wird durch die seinem Informationsinhalt entsprechende Anzahl von Binärstellen kodiert.

Durch diese Kodierungsvorschrift werden häufige Primärsymbole durch kurze und seltene durch lange Kodeworte dargestellt. Die Dekodierbarkeitsbedingung wird erfüllt. Ideal ist eine Wahrscheinlichkeitsverteilung der Primärsymbole, wenn die Summen der Wahrscheinlichkeiten bei der Gruppenbildung exakt gleich sind, weil dann bei statistisch unabhängigen Symbolen die Redundanz vollständig beseitigt wird. Das Verfahren ist auch für $m \geqq n$ anwendbar, indem aus den Primärsymbolen zunächst Kodeworte hinreichend großer Länge gebildet werden, die eine neue Primärquelle mit n' Symbolen darstellen. Für $n' > m$ kann anschließend das Kodierungsschema angewandt werden. Diese Methode ist mit Erfolg auch bei statistisch abhängigen Primärsymbolen anwendbar.

3.2. *Informationsübertragung über einen gestörten Kanal*

Wie bereits erwähnt, wird der Informationskanal durch die Störungen charakerisiert, die die sichere Erkennung eines von der Quelle emittierten Symbols durch den Empfänger beeinträchtigen. Je nachdem, ob Information einer diskreten oder einer kontinuierlichen Quelle übertragen wird, spricht man von einem diskreten oder kontinuierlichen Kanal.

3.2.1. *Diskreter Kanal*

Folgende Anordnung wird vorausgesetzt: Eine Sendequelle X mit dem Symbolvorrat s emittiert unabhängige Symbole X_i, denen die Wahrscheinlichkeiten p_i zugeordnet sind. Die vom Empfänger Y beobachteten Symbole Y_k (Symbolvorrat n) treten mit den Wahrscheinlichkeiten q_k auf und seien zwar von den X_i abhängig, jedoch untereinander unabhängig (Kanal ohne Gedächtnis).

Mathematisch trifft das Modell einer Doppelquelle mit abhängiger Sekundärquelle zu. Die statistische Beschreibung berücksichtigt nur die statistische Verkopplung der Symbole X_i und Y_k, nicht aber die kausale Abhängigkeit. Im folgenden werden drei Möglichkeiten der kompletten informationstheoretischen Darstellung einer gestörten Übertragung behandelt.

Wirkungswahrscheinlichkeit und Irrelevanz. Die Wirkungswahrscheinlichkeit $q_{k|i}$ sei die Wahrscheinlichkeit dafür, daß unter der Bedingung des emittierten Sendesymbols X_i das Empfangssymbol Y_k beobachtet wird (bedingte Wahrscheinlichkeit). Die Kanaleigenschaft wird durch $n(s-1)$ Werte $q_{k|i}$ vollständig beschrieben. Die komplette Informationsübertragung wird durch $s-1$ Werte für p_i (Quellenstatistik) und die $q_{k|i}$ erfaßt. Mit vorgegebenen p_i ist über

$$q_k = \sum_{i=1}^{s} p_i q_{k|i} \tag{3.26}$$

auch die Entropie $H(Y) = -\sum_{k=1}^{n} q_k \operatorname{ld} q_k$ auf der Empfangsseite bestimmt. Dieser mittlere Informationsinhalt pro empfangenem Symbol enthält allerdings auch einen durch die Störung vorgetäuschten Anteil, dieser ist irrelevant gegenüber der den Empfänger interessierenden, von X emittierten Information. Der Störanteil wird durch die Störentropie oder *Irrelevanz* $H(Y|X)$ ausgedrückt.

$$H(Y|X) = -\sum_{i=1}^{s} p_i \sum_{k=1}^{n} q_{k|i} \operatorname{ld} q_{k|i}. \tag{3.27}$$

Gedankenexperiment zur Erläuterung: Der Sender wiederhole ständig das gleiche Symbol X_i. Dann beobachtet der Empfänger infolge der Störung Symbole Y_k mit den Wahrscheinlichkeiten $q_{k|i}$. Die zugehörige Entropie

$$H_i = -\sum_{k=1}^{n} q_{k|i} \operatorname{ld} q_{k|i} \tag{3.28}$$

ist reine Störentropie, da die Sendequelle (wegen $p_i = 1$) die Entropie $H(X) = 0$ hat. Die Entropie H_i hängt i. a. von dem Symbol X_i ab. Bei der wirklichen Informationsübertragung werden die Einzelstörquellen mit den Entropien H_i von den einzelnen Symbolen X_i gewissermaßen aufgerufen, und zwar mit den Wahrscheinlichkeiten p_i, so daß $H(Y|X)$ die mittlere Störentropie darstellt.

$$H(Y|X) = -\sum_{i=1}^{s} p_i H_i. \tag{3.29}$$

Durch additive Zerlegung der Gesamt-Empfangsentropie $H(Y)$ in Störentropie $H(Y|X)$ und Nutzentropie K, d. h.

$$H(Y) = K + H(Y|X), \tag{3.30}$$

ist die Nutzentropie, der mittlere pro Symbol über den Kanal übertragene Informationsinhalt, definiert:

$$\| \quad K = H(Y) - H(Y|X). \tag{3.31}$$

K wird als *mittlerer Transinformationsgehalt pro Symbol* oder als *Synentropie* bezeichnet (Koinzidenz im statistischen Sinne).

Beispiel. Gegeben sei ein Binärkanal mit den Wirkungswahrscheinlichkeiten

$$\left\| \, \| q_{k|i} \| \, \right\| = \left\| \begin{matrix} q_{1|1} & q_{2|1} \\ q_{1|2} & q_{2|2} \end{matrix} \right\| = \left\| \, \left\| \begin{matrix} 0{,}5 & 0{,}5 \\ 0 & 1 \end{matrix} \right\| \, \right\|.$$

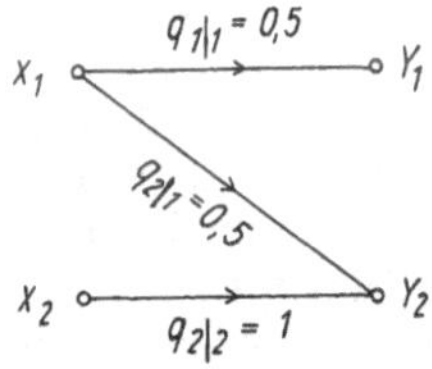

Abb. 3.3. Gestörter Binärkanal

Abb. 3.3 verdeutlicht die Zusammenhänge. Die Sendequelle X werde charakterisiert durch: Fall 1: $p_1 = 0{,}9$; $p_2 = 0{,}1$; Fall 2: $p_1 = 0{,}1$; $p_2 = 0{,}9$ (Entropie $H(X) \approx 0{,}469$ bit/Symbol in beiden Fällen).

Gesucht sind die Gesamtentropie auf der Empfangsseite $H(Y)$, die Irrelevanz $H(Y|X)$ und die Synentropie K.
Ergebnis: Fall 1: $H(Y) \approx 0{,}993$ bit/Symbol, $H(Y|X) \approx 0{,}9$ bit/Symbol,

$$K \approx 0{,}093 \text{ bit/Symbol}.$$

Fall 2: $H(Y) \approx 0{,}286$ bit/Symbol, $H(Y|X) \approx 0{,}1$ bit/Symbol,

$$K \approx 0{,}186 \text{ bit/Symbol}.$$

Obwohl infolge der starken Störung hinsichtlich Symbol X_1 maximale Unsicherheit über dessen richtige Übertragung besteht, wird im Mittel ein endlicher, wenn auch kleiner Informationsgehalt pro Symbol übertragen. Da die Quelle in beiden Fällen die gleiche Entropie hat, liegt im Fall 2 eine bessere Ausnutzung des Kanals vor (doppelte Synentropie gegenüber Fall 1).

Ursachenwahrscheinlichkeit und Äquivokation. Die Ursachenwahrscheinlichkeit $p_{i|k}$ sei die Wahrscheinlichkeit dafür, daß unter der Bedingung des empfangenen Symbols Y_k das Sendesymbol X_i die Ursache ist. Mit vorgegebenen q_k ergibt sich p_i zu

$$p_i = \sum_{k=1}^{n} q_k \, p_{i|k}, \tag{3.32}$$

und damit läßt sich die Entropie auf der Sendeseite in Abhängigkeit von den Ursachenwahrscheinlichkeiten und den Symbolwahrscheinlichkeiten auf der Empfangsseite berechnen. Diese Sende-Entropie wird nicht vollständig als Nutzinformation auf die Empfangsseite übertragen, weil infolge der Störungen verschiedene Sendesymbole gleiche Empfangssymbole hervorrufen können, und zwar gemäß den Ursachenwahrscheinlichkeiten $p_{i|k}$. Der Verlust ist die als *Äquivokation* bezeichnete bedingte Entropie

$$H(X|Y) = -\sum_{k=1}^{n} q_k \sum_{i=1}^{s} p_{i|k} \operatorname{ld} p_{i|k}. \tag{3.33}$$

Die Synentropie K ist die Differenz zwischen insgesamt aufgebrachter Entropie und Äquivokation:

$$\| \; K = H(X) - H(X|Y). \tag{3.34}$$

Verbundwahrscheinlichkeit und Verbundentropie. Sende- und Empfangsquelle gemeinsam können als Doppelquelle aufgefaßt werden, die Verbundsymbole $X_i Y_k$ emittiert. Die Verbundwahrscheinlichkeiten $p_{i,k}$ sind die Wahrscheinlichkeiten für das Auftreten der Verbundsymbole $X_i Y_k$ und ergeben sich zu

$$p_{i,k} = p_i \cdot q_{k|i} = q_k \cdot p_{i|k}. \tag{3.35}$$

Aus den Verbundwahrscheinlichkeiten erhält man q_k und p_i gemäß Gln. 3.26 und 3.32:

$$q_k = \sum_{i=1}^{s} p_{i,k}, \tag{3.36a}$$

$$p_i = \sum_{k=1}^{n} p_{i,k}. \tag{3.36b}$$

Außerdem liefert Gl. 3.35 den Zusammenhang zwischen $q_{k|i}$ und $p_{i|k}$. Die Verbundentropie der (fiktiven) Doppelquelle $H(X,Y)$ berechnet sich nach Gl. 3.22:

$$H(X,Y) = H(X) + H(Y|X) \tag{3.37a}$$

bzw. analog

$$H(X,Y) = H(Y) + H(X|Y). \tag{3.37b}$$

Damit entsteht für die Synentropie der Ausdruck

$$\| \; K = H(X) + H(Y) - H(X,Y). \tag{3.38}$$

Abb. 3.4 zeigt anschaulich und schematisch die Zusammenhänge der verschiedenen Entropien.

Anmerkung. Der mathematischen Darstellung liegt das Modell zweier statistisch abhängiger Wahrscheinlichkeitsfelder zugrunde, jeweils komplett beschrieben durch die Elemente p_i und $q_{k|i}$, q_k und $p_{i|k}$ oder $p_{i,k}$. Während im mathematischen Sinne der Satz der $q_{k|i}$ dem Satz der $p_{i|k}$ äquivalent ist, sind unter Berücksichtigung der

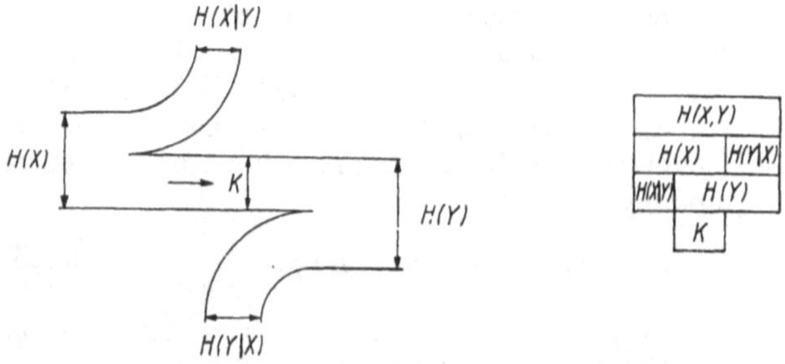

Abb. 3.4. Zusammenhänge der Entropien bei der Informationsübertragung

kausalen Zusammenhänge die Wirkungswahrscheinlichkeiten $q_{k|i}$ die primären Parameter. Sie beschreiben separat den Kanal, unabhängig von der Sendequellenstatistik, während die anderen Parameter die komplette Übertragung in Abhängigkeit von den p_i beschreiben. Die Matrix der Wirkungswahrscheinlichkeiten wird daher auch als Übertragungsmatrix oder Störmatrix des Kanals bezeichnet.

Eine Erweiterung des mathematischen Apparates durch Einführung gerichteter Größen ist erforderlich, wenn im Falle eines gegenseitigen Informationsaustausches zweier Partnerquellen (Kommunikation) über einen gestörten Kanal eine gegenseitige Abhängigkeit modelliert werden soll (vgl. [28]).

3.2.2. *Kontinuierlicher Kanal*

Bei der Übertragung des Symbolkontinuums einer kontinuierlichen Quelle läßt sich durch einen Grenzübergang zeigen, daß die Synentropie K, die bei der diskreten Übertragung als Entropiedifferenz erscheint, als Differenz der entsprechenden differentiellen Entropien auftritt. Mit der (zufälligen) Sendeamplitude x, der Empfangsamplitude y, den zugehörigen Wahrscheinlichkeitsdichten $p(x)$ und $q(y)$ sowie den bedingten Wahrscheinlichkeitsdichten $q(y|x)$ und $p(x|y)$ entstehen Beziehungen, die denen im diskreten Fall völlig analog sind. So gelten z. B. für die Beschreibung der gestörten Übertragung mittels Wirkungswahrscheinlichkeitsdichte $q(y|x)$ und Wahrscheinlichkeitsdichte $p(x)$ der Sendeamplitude die Beziehungen:

$$q(y) = \int_{-\infty}^{+\infty} p(x)\, q(y|x)\, \mathrm{d}x\,, \qquad (3.39)$$

$$H_d(Y) = \int_{+\infty}^{-\infty} q(y)\, \mathrm{ld}\, q(y)\, \mathrm{d}y\,, \qquad (3.40)$$

$$H_d(Y|X) = \int_{-\infty}^{+\infty} p(x) \int_{-\infty}^{+\infty} q(y|x)\, \mathrm{ld}\, q(y|x)\, \mathrm{d}y\, \mathrm{d}x\,, \qquad (3.41)$$

$$\| \; K = H_d(Y) - H_d(Y|X)\,. \qquad (3.42)$$

Anmerkung. Der Übergang von einer diskreten zu einer kontinuierlichen Quelle geschieht durch Zuordnung von diskreten Amplitudenstufen zu den Symbolen der diskreten Quelle und anschließende Verkleinerung der Stufenhöhen. Während bei diesem Vorgang z. B. die Entropien $H(Y)$ und $H(Y|X)$ (Summenausdrücke) selbst gegen unendlich streben, konvergiert die Differen zzwischen $H(Y)$ und $H(Y|X)$ gegen einen Grenzwert. Von den nach unendlich strebenden Ausdrücken lassen sich Anteile abspalten, die gegen die differentiellen Entropien $H_d(Y)$ und $H_d \times (Y|X)$ konvergieren.

3.2.3. *Ausnutzung des Informationsübertragungskanals*

Bei den bisherigen Überlegungen wurde der zeitliche Ablauf der Vorgänge nicht betrachtet. Die Einbeziehung des (technisch und ökonomisch wichtigen) Parameters

Zeit führt zur Modellierung der Informationsquelle durch einen stochastischen Prozeß (vgl. S. 117), dessen Stationarität und Ergodizität vorausgesetzt werden soll.

Informationsfluß. Eine wichtige Größe zur Charakterisierung einer Informationsquelle oder eines Übertragungskanals ist die pro Zeiteinheit emittierte bzw. übertragene Informationsmenge, der Informationsfluß Φ. Bei einer diskreten Quelle mit der Entropie H, deren Symbole im Mittel die Zeit t_m beanspruchen, gilt für den mittleren Informationsfluß

$$\Phi = \frac{H}{t_m} = \frac{H}{\sum_{i=1}^{n} p_i t_i}, \tag{3.43}$$

wobei t_i der zeitliche Abstand von Symbol i zum nachfolgenden bedeutet (Symbolvorrat n).

Eine kontinuierliche Quelle kann durch Quantisierung der Zeit und der Amplitude mittels einer diskreten approximiert werden. Bei vorgegebener Grenzfrequenz f_g eines Vorganges ist das vollständige Signal gemäß Abtasttheorem (vgl. S. 33) aus Abtastwerten im maximalen Abstand

$$t_0 = \frac{1}{2f_g} \tag{3.44}$$

zu rekonstruieren, d. h., eine entsprechende zeitliche Quantisierung verursacht keinen Informationsverlust.

Die stets vorhandenen Störungen (bzw. technische Güteforderungen) haben zur Folge, daß jeder Abtastwert durch eine endliche Anzahl von s_q Quantisierungsstufen repräsentiert werden kann. Die so entstehende diskrete Quelle hat eine maximale Entropie $H_0 = \text{ld}\, s_q$, so daß der Informationsfluß wegen $H \leqq H_0$ abgeschätzt werden kann zu

$$\Phi \leqq 2f_g \cdot \text{ld}\, s_q. \tag{3.45}$$

Kanalkapazität. Wie gezeigt wurde, ist die Synentropie, der mittlere Informationsinhalt pro Symbol, der über einen gestörten Kanal übertragen wird, von Kanal- und Quelleneigenschaften abhängig. Der durch Anpassung der Sendequelle an den Kanal erreichbare Maximalwert der Synentropie K_{max} ist eine Eigenschaft des Kanales. Als *Kanalkapazität* C wird der durch K_{max} und die minimale mittlere Übertragungszeit für ein Symbol t_{min} gegebene maximale Informationsfluß Φ_{max} bezeichnet.

$$C = \Phi_{max} = \frac{K_{max}}{t_{min}}. \tag{3.46}$$

Kanalkodierungssatz für diskrete Kanäle. Von SHANNON wurde folgende wichtige Aussage bewiesen:

Für jeden Kanal mit der Kanalkapazität C existiert eine Kodierung derart, daß der mittlere Informationsfluß Φ einer Quelle mit beliebig kleiner Fehlerwahrscheinlichkeit übertragen werden kann, sofern $\Phi < C$.

Obwohl infolge der Störungen nur ein statistischer Zusammenhang zwischen Sende- und Empfangssymbolen eines Kanals besteht, ist bei $\Phi < C$ prinzipiell eine beliebig fehlerarme Übertragung von Information möglich. Über das Kodierverfahren und damit den technisch-ökonomischen Wirkungsgrad wird nichts ausgesagt. Für die technische Lösung hat die Kanalkapazität somit nur die Bedeutung einer oberen Schranke.

Die Anpassung einer Quelle an einen Kanal zur besseren Ausnutzung der Kanalkapazität verlangt oft die (gezielte) Vergrößerung der Redundanz.

Diese *Kanalkodierung* hat große praktische Bedeutung in Form der fehlererkennenden bzw. fehlerkorrigierenden Kodierung erlangt, wobei allerdings die informationstheoretische Kanalkapazität kaum eine Rolle spielt (vgl. [29]).

Abgesehen von speziellen technischen Aufgaben der Signalwandlung kann also mittels Kodierung sowohl die bessere Ausnutzung von Symbolen einer Quelle durch Verminderung von Redundanz als auch die bessere Ausnutzung eines Kanals durch Zufügung von Redundanz erreicht werden.

Sonderfall symmetrischer Kanal. Symmetrisch (hinsichtlich der Störungen) heißt ein Kanal, wenn in der Übertragungsmatrix (Matrix der Wirkungswahrscheinlichkeiten)

$$\|q_{k|i}\| = \left\| \begin{matrix} q_{1|1} \cdots q_{n|1} \\ \vdots \quad\quad \vdots \\ q_{1|s} \cdots q_{n|s} \end{matrix} \right\| \tag{3.47}$$

die Elemente jeder Zeile durch zyklische Vertauschung der Elemente der ersten Zeile entstehen.

Das ist bei Störungen der Fall, die sich auf jedes Symbol in gleicher Weise auswirken, z. B. teilweise bei additiven Störungen und Linearität des Systems.

Unter dieser Bedingung ist die Irrelevanz unabhängig von der Statistik der Sendequelle, d. h.

$$H(Y|X) = -\sum_{k=1}^{n} q_{k|i} \operatorname{ld} q_{k|i} \quad \text{für beliebige } i, \tag{3.48}$$

somit

$$K_{\max} = [H(Y) - H(Y|X)]_{\max} = H(Y)_{\max} - H(YX)$$

und (3.49)

$$C = \frac{1}{t_{\min}} [\operatorname{ld} n - H(Y|X)] \tag{3.50}$$

(wegen $H(Y)_{\max} = \operatorname{ld} n$).

Beispiel. Der symmetrische Binärkanal ohne Gedächtnis mit der „Fehlerwahrscheinlichkeit" $q_{1|2} = q_{2|1} = \varepsilon$ hat die Kanalkapazität

$$C = \frac{1}{t_{\min}} [1 + \varepsilon \operatorname{ld} \varepsilon + (1 - \varepsilon) \operatorname{ld} (1 - \varepsilon)]. \tag{3.51}$$

Bei einem linearen zeitinvarianten System mit endlicher Grenzfrequenz f_g als Kanal wird i. a. eine Abhängigkeit benachbarter Symbole (Korrelation) erzeugt. Nicht korrelierte Proben können diesem Kanal im minimalen Abstand $t_{\min} = \frac{1}{2f_g}$ entnommen werden, somit gilt für die Kanalkapaziät eines symmetrischen Binärkanales

$$C = 2f_g [1 + \varepsilon \operatorname{ld} \varepsilon + (1 - \varepsilon) \operatorname{ld} (1 - \varepsilon)] \tag{3.52}$$

(vgl. a. Gl. 3.14). Für $\varepsilon = 0{,}1$ wird $K_{\max} \approx 0{,}5$ bit/Symbol bzw. $C \approx f_g$ (d. h. für $f_g = 4$ kHz: $C \approx 4$ kbit/s).

Kapazität des bandbegrenzten kontinuierlichen Kanals mit unabhängigen normalverteilten Störungen. Als Übertragungsmedium wird ein idealer Tiefpaß mit der Grenzfrequenz f_g und dem Übertragungsfaktor 1 im Durchlaßbereich vorausgesetzt (vgl. S. 63). Die Störung werde durch normalverteiltes Rauschen (stationärer ergodischer Prozeß) mit konstanter spektraler Leistungsdichte im

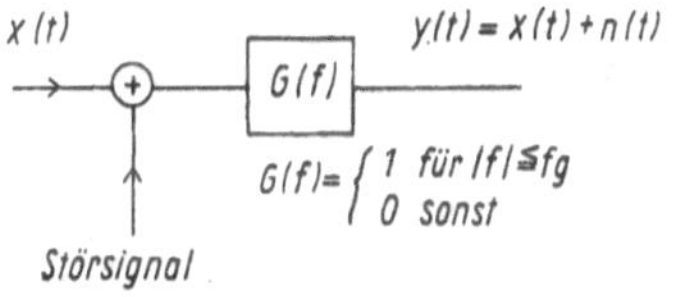

Abb. 3.5. Idealer Tiefpaß mit additiven Störungen

Durchlaßbereich des Tiefpasses hervorgerufen. Das Störsignal sei unabhängig vom Nutzsignal und überlagere sich diesem additiv am Eingang des Systems (vgl. Abb. 3.5). Das Sendesignal habe die Leistung S und sei bandbegrenzt ($|f| \leq f_g$). Unter diesen Voraussetzungen ist die bedingte Wahrscheinlichkeitsdichte $q(y|x)$ nur von der Differenz $y - x$, also von den Momentanwerten der Störamplitude n, abhängig und somit durch die Wahrscheinlichkeitsdichte des Rauschens bestimmt.

$$q(y|x) = q(y - x) = q(n) = \frac{1}{\sqrt{2\pi\psi_{nn}(0)}}\, \mathrm{e}^{-\frac{n^2}{2\psi_{nn}(0)}}. \tag{3.53}$$

Damit ist die differentielle Störentropie $H_d(Y|X)$ gemäß Gl. 3.41 unabhängig von der Quellenstatistik. Mit der Rauschleistung $N = \psi_{nn}(0)$ wird

$$H_d(Y|X) = \mathrm{ld}\, \sqrt{2\pi e N}. \tag{3.54}$$

Das Summensignal am Ausgang $y(t) = x(t) + n(t)$ hat infolge der Unabhängigkeit der Komponenten die Leistung $S + N$.

Die Kanalkapazität ergibt sich aus dem Maximalwert der Synentropie

$$K_{\max} = (H_d(Y) - H_d(Y|X)]_{\max}$$
$$= [H_d(Y)]_{\max} - H_d(Y|X).$$

$H_d(Y)$ wird bei vorgegebener Leistung $(S + N)$ maximal, wenn Y normalverteilt ist

$$H_d(Y)_{\max} = \mathrm{ld}\,\sqrt{2\pi e(S + N)}. \qquad (3.55)$$

Daraus folgt für die Synentropie mit Gl. 3.54

$$K_{\max} = \mathrm{ld}\,\sqrt{1 + \frac{S}{N}}. \qquad (3.56)$$

Einem frequenzbegrenzten linearen System können (periodisch)· unabhängige Abtastwerte im minimalen Abstand $t_{\min} = \frac{1}{2f_g}$ entnommen werden (wenn die spektrale Leistungsdichte im Durchlaßbereich konstant ist, vgl. Nulldurchgänge der AKF). Damit ergibt sich für die Kanalkapazität nach den Gln. 3.46 und 3.56

$$C = f_g\,\mathrm{ld}\left(1 + \frac{S}{N}\right). \qquad (3.57)$$

Da das Störsignal als normalverteiltes weißes Rauschen (im Durchlaßbereich) vorausgesetzt wurde und das optimale Summensignal am Ausgang nach obigem die gleiche Eigenschaft hat, muß das optimale Eingangssignal ebenfalls normalverteilt sein mit konstanter spektraler Leistungsdichte im Durchlaßbereich des Kanals.

Für einen idealen Bandpaß als Übertragungskanal mit der Bandbreite B_p (Durchlaßbereich für positive Frequenzen) gelten unter den analogen Voraussetzungen die gleichen Zusammenhänge, so daß in Gl. 3.57 allgemein f_g durch die Bandbreite B_p ersetzt werden kann.

$$C = B_p\,\mathrm{ld}\left(1 + \frac{S}{N}\right). \qquad (3.58)$$

Für hinreichend große Signalrauschverhältnisse $\varrho^2 = \frac{S}{N} \gg 1$ gilt mit $\varrho_{dB} = 10 \lg \frac{S}{N}$ (Signalrauschverhältnis in dB) die Näherungsformel

$$C \approx \frac{B_p}{3} \varrho_{\,\mathrm{dB}}. \tag{3.59}$$

Beispiel. Ein Übertragungskanal mit der Bandbreite $B_p = 3\,\mathrm{kHz}$ hat bei einem Signalrauschverhältnis von $\varrho_{\mathrm{dB}} = 60$ dB unter den obigen Voraussetzungen eine Kanalkapazität von $C \approx 60$ kbit/s. (Zum Vergleich: Praktisch benötigt man zur Übertragung eines digitalen 64 kbit/s-Signals die Kapazität von 12 Fernsprech-Analogkanälen, von denen jeder etwa 3 kHz Bandbreite hat.)

Oft ist die Leistungs*dichte* der Störung vorgegeben

$$\Psi_{nn}(f) = \Psi_0 = \frac{N}{2B_p}.$$

Die Kanalkapazität

$$C = B_p.\mathrm{ld}\left(1 + \frac{S}{2B_p\Psi_0}\right) \tag{3.60}$$

ist eine mit B_p monoton zunehmende Funktion, die für unendliche Bandbreite einem Grenzwert $C_{\max}$ zustrebt:

$$C = C_{\max} = \frac{S}{\Psi_0} \frac{1}{2} \mathrm{ld}\, \mathrm{e} \approx 0{,}72 \frac{S}{\Psi_0}. \tag{3.61a}$$

Beachte: Ψ_0 ist als zweiseitige Leistungsdichte definiert. In der mehr technisch orientierten Literatur findet man oft für die Leistungsdichte $k_0 = \frac{N}{B_p}$, dann gilt

$$C = C_{\max} = \frac{S}{k_0} \mathrm{ld}\, \mathrm{e} \approx 1{,}44 \frac{S}{k_0}. \tag{3.61b}$$

Je größer die Bandbreite gewählt wird, desto größer ist die Energie-Ausnutzung.

Für die erforderliche Sende-Energie pro bit $\frac{S}{C}$ gilt bei dem vorausgesetzten Modell nach Gl. 3.61a

$$\frac{S}{C} \gtrapprox 1{,}39\,\Psi_0, \qquad \left(\frac{S}{C} \gtrapprox 0{,}7\,k_0\right). \tag{3.62}$$

Anmerkung: Bei farbigem Rauschen ist die Kanalkapazität größer als bei weißem gleicher Leistung und Bandbreite, da die Momentanwerte der Störung bei der Abtastung mit der Periode $t_{\min}$ korreliert sind.

4. Literaturverzeichnis

[1] WUNSCH, G.: Systemtheorie der Informationstechnik. Akademische Verlagsgesellschaft Geest & Portig K.-G., Leipzig: 1971.

[2] MARKO, H.: Die Reziprozität von Zeit und Frequenz in der Nachrichtentechnik. NTZ 9 (1956), H. 5, S. 222–28, H. 6, S. 266–71.

[3] CHURKIN, J. I., JAKOWLEW, S. P., WUNSCH, G.: Theorie und Anwendung der Signalabtastung. Verlag Technik, Berlin: 1966.

[4] KRESS, D.: Grundlagen der schnellen Fourier-Transformation. Nachrichtentechnik **22** (1972), H. 11, S. 387–390.

[5] FETZER, V.: Einschwingvorgänge in der Nachrichtentechnik. Verlag Technik, Berlin: 1958.

[6] DOBESCH, H., SULANKE, H.: Zeitfunktionen. Theorie und Anwendung. Verlag Technik, Berlin: 1964.

[7] VÍCH, R.: Z-Transformation. Theorie und Anwendung. Verlag Technik, Berlin: 1964.

[8] SCHÜSSLER, W.: Digitale Systeme zur Signalverarbeitung. Springer-Verlag, Berlin/Heidelberg/New York: 1973.

[9] BÖRNER, H.: Walsh-Funktionen und ihre Anwendung. Nachrichtentechnik Elektronik **24** (1974), H. 7, S. 242–47.

[10] SPĂTARU, A.: Theorie der Informationsübertragung. Akademie-Verlag, Berlin: 1973.

[11] FRITZSCHE, G.: Theoretische Grundlagen der Nachrichtentechnik. Verlag Technik, Berlin: 1972.

[12] FRITZSCHE, G.: Entwurf linearer Schaltungen. Verlag Technik, Berlin: 1962.

[13] WUNSCH, G.: Elemente der Netzwerksynthese. Verlag Technik, Berlin: 1969.

[14] WUNSCH, G.: Theorie und Anwendung linearer Netzwerke. Akademische Verlagsgesellschaft Geest & Portig, Teil 1: Analyse und Synthese, Leipzig: 1961.

Teil 2: Wellenparametertheorie und nichtstationäre Vorgänge, Leipzig 1964.

[15] KÜPFMÜLLER, K.: Die Systemtheorie der elektrischen Nachrichtenübertragung. Hirzel-Verlag, Stuttgart 1968.

[16] WUNSCH, G.: Systemanalyse, Bd. 1. Lineare Systeme. Verlag Technik, Berlin 1969.

[17] WOSCHNI, E.: Informationstechnik. Verlag Technik, Berlin 1973.

[18] UNBEHAUEN, R.: Systemtheorie. Akademie-Verlag, Berlin 1970.

[19] SCHÜSSLER, W.: Zur allgemeinen Theorie der Verzweigungsnetzwerke. AEÜ 22 (1968), H. 8, S. 361—67.

[20] FEY, P.: Operatorenrechnung bei linearen digitalen Systemen. Nachrichtentechnik 20 (1970), H. 10, S. 365—67.

[21] FEY, P.: Digitale Systemtheorie. Nachrichtentechnik 23 (1973), H. 1, S. 2—5, H. 2, S. 48—52.

[22] WUNSCH, G.: Systemanalyse, Bd. 2. Statistische Systemanalyse. Verlag Technik, Berlin 1970.

[23] LANGE, F. H.: Signale und Systeme, Bd. 1. Spektrale Darstellung. Verlag Technik, Berlin 1965.

[24] BALL, G. A.: Korrelationsmeßgeräte. Verlag Technik, Berlin 1972.

[25] LANGE, F. H.: Signale und Systeme, Bd. 3. Regellose Vorgänge. Verlag Technik, Berlin 1971.

[26] FEY, P.: Informationstheorie. Akademie-Verlag, Berlin 1963.

[27] PETERS, J.: Einführung in die allgemeine Informationstheorie. Springer-Verlag, Berlin/Heidelberg/New York 1963.

[28] NEUBURGER, E.: Kommunikation der Gruppe. Oldenburg-Verlag, München 1967.

[29] SELIGER, N. B.: Kodierung und Datenübertragung. Verlag Technik, Berlin 1973.

[30] KEMPE, V.: Theorie stochastischer Systeme. Akademie-Verlag, Berlin 1974.

5. Sachverzeichnis

Abtaster, idealer 78
Abtastoperator 30, 131
Abtastsystem 115
Abtasttheorem 33ff.
Abtastung 30
Ähnlichkeitssatz 13, 45, 47
Äquivokation 166
Allpaßsystem 90, 109
Amplitudendichte, spektrale 15
analytisches Signal 49
Approximationsproblem 96
Autokorrelationsfunktion 120ff.

Bandpaß, idealer 65
Bandsperre, ideale 68
BERNOULLI-Quelle 153
Betragscharakteristik 61
Binärquelle 151
bit 151
BODE-Diagramm 84
Breitbandmeßtechnik 142

Dekodierbarkeitsbedingung 161
D-Glied 74
Digitales Filter 115
Differentiationssatz 24, 45
Differenzensatz 48
Differenzierglied 87
diskrete Faltung 113
Diskrete FOURIER-Transformation 39ff.
Diskretes System 113
DIRAC-Funktion 21
Dispersion 119
Doppelquelle 158

Effektivwert 120
Einheitssprung 22
Einheitsstoß 20
Energie 122
Ensemble 118
Entropie, bedingte 159
—, differentielle 159
Entscheidungsgehalt 156
ergodische Wahrscheinlichkeit 153
Ergodizität 118

Faltung 126
—, diskrete 113
Faltungssatz 25, 45, 48
FOURIER-Integral 14
FOURIER-Reihe 12
FOURIER-Transformation 12ff.
Frequenzinvariante Systeme 77, 139
Frequenzinvarianz 54
Frequenz, negative 13

GAUSS-Prozeß 129
GAUSS-Tiefpaß 69
GAUSS-Signal 18
Gewichtsfunktion 54
—, spektrale 55
—, Messung 141

Grenzfrequenz 28
Gruppenlaufzeit 62

Halbwertsbreite 27
HILBERT-Transformation 48
Hochpaß 87
—, idealer 65
HURWITZ-Polynom 99

Impulsantwort 59
Information 9, 149
Informationsentropie 155ff.
Informationsfluß 170
Informationsinhalt 150
Informationsquelle 149
—, diskrete 150ff.
—, kontinuierliche 159
Informationssenke 149
Informationstheorie 11, 148ff.
Informationsübertragungskanal 149, 163ff.
Integrationssatz 24
Integrierglied 85
Interpolationsfunktion 35ff.
Irrelevanz 164

Kanal, diskreter 163ff.
—, kontinuierlicher 168ff.
—, symmetrischer 172
Kanalkapazität 170
Kanalkodierung 171
Kausalität 57
Kodierung 161
—, redundanzmindernde 160ff.
Koinzidenz 165
konjugiertes Filter 145
Kosinusquadrat-Signal 19
— -Tiefpaß 68
Kosinus-Signal 20
Korrelationsempfang 133ff.
Kreuzenergiedichte 127
Kreuzkorrelationsfunktion 125
Kreuzleistungsdichte 127

LAPLACE-Transformation 43
LAURENT-Transformation 46
Leistung 120, 133
Leistungsdichte 123
Linearfaktordarstellung 82
Linearität 52

MARKOFF-Prozeß 153
matched filter 145
Minimalphasensystem 90, 109
Mittelwert 119
Modulationsfunktion 55

Nachricht 9
nichtrekursives System 109
Normalverteilung 129, 160
normierte AKF 129
— KKF 129

Optimales Suchfilter 143ff.
Optimalfilter 147
Optimalkodierung 161
Orthogonalität 127
Ortskurvenkriterium 99, 101

PARSEVAL, Theorem von 125
Partialbruchdarstellung 82
Periodifizierung 31, 132
P-Glied 74
Phasencharakteristik 61
Phasenlaufzeit 62
Phasenmaß 61
Polaritätskorrelation 128
Potential-Analogie 93
Prozeß, stochastischer 117

Rauschen, weißes 124
Realisierung 117
Rechteckbreite 26ff.
Redundanz 160
Relaiskorrelation 130
Ringmodulator, idealer 79

Schmalbandmeßtechnik 142
Signal 9, 150
—, determiniertes 12
Signaltheorie 12ff.
Signumfunktion 22
Sinusmodulator, idealer 78
Spalt-Tiefpaß 76
Sprungantwort 59
Stabilität 56, 100, 109
Stabilitätskriterien 99ff.
Standardabweichung 120
Stationarität 118
Stochastischer Prozeß 117
Störmatrix 168
Stoßantwort 59
Symbol 150
Symbolkontinuum 150, 159
Synentropie 165
System 10
Systemtheorie 10, 11ff.

Testsignale 58
T_t-Glied 74
Theorem von PARSEVAL 125
— von CHINTSCHIN und WIENER 123
Tiefpaß 85
—, idealer 63
Transinformationsgehalt, mittlerer 165
TSCHEBYSCHEFF-Polynom 98
TSCHEBYSCHEFF-Verhalten 98

Übertragungsfunktion 53
Übertragungsmatrix 168
Unabhängigkeit 127
Ursachenwahrscheinlichkeit 166

Varianz 119
Verbundentropie 158, 167
Verbundwahrscheinlichkeit 158, 167
Verschiebungssatz 23, 45, 47
Vertauschungssatz 26
Verzögerungsglied 85
Verzweigungsnetzwerk 105ff.

Wahrscheinlichkeitsdichte 159
Weißes Rauschen 124
WIENER-Filter 147
WIENER-PALEY-Kriterium 80
Winkelcharakteristik 61
Wirkungswahrscheinlichkeit 164

Zeitinvariante Systeme 80, 136
Zeitinvarianz 53
Zeit-Tor 77
zentrierter Prozeß 119, 128
Z-Transformation 46ff., 114

HORST STROBEL

Experimentelle Systemanalyse

(Elektronisches Rechnen und Regeln, Band 8)

1975. XIV, 406 Seiten — 184 Abb. — 14 Taf. — 10 Tab. — gr. 8° — Lederin 84,— M
Bestell-Nr. 761 922 2 (6185)

Das Hauptanliegen des Autors besteht darin, mit dieser Veröffentlichung eine einheitliche Darstellung der „Experimentellen Systemanalyse“ zu schaffen. Er behandelt die verschiedenen Methoden der Systemidentifikation, wie Frequenzgang- und Übergangsfunktionsanalyse und Zustandsbeschreibung. Der Verfasser erläutert eingehend die mathematischen Modelle, die Theorie der Versuchsplanung sowie anwendungsbereite Verfahren. Abschließend wird dem Leser eine umfangreiche Schrifttumsübersicht gegeben.

Bestellungen durch eine Buchhandlung erbeten

AKADEMIE-VERLAG · BERLIN

Der Autor

- führt unter Verzicht auf Ableitungen und Beweise in die System- und Informationstheorie ein

- vermittelt bei Betonung des Zeit-Frequenz-Denkens theoretische Grundlagen der Übertragung determinierter und stochastischer, kontinuierlicher und diskreter Signale über lineare Systeme

- beschreibt technisch wichtige Systeme mit rationaler Übertragungsfunktion

- wendet sich an Leser, die in Praxis, Lehre und Weiterbildung ihr Wissen vervollständigen wollen

WISSENSCHAFTLICHE TASCHENBÜCHER

FSC
www.fsc.org
MIX
Papier | Fördert
gute Waldnutzung
FSC® C083411

Zeitfracht Medien GmbH
Ferdinand-Jühlke-Straße 7
99095 Erfurt, Deutschland
produktsicherheit@kolibri360.de